有时候，书只不过被当作催眠的利器，

然而，一本书能让失眠的人睡去，也能让沉睡的人醒来。

有多少书，能让我们看清这个世界，成为我们看不见的竞争力；

又有多少书，能让我们在看清这个世界的同时，仍旧热爱这个世界。

阅读增添感性，也是一种新的性感。

你所读过的任何书，都会进入你的心灵和血肉，并最终构成你最甜美的部分。

关于人生大问题的答案，要你自己去慢慢拼凑；

但一本本的书给出的小小回答，却可以帮你抵抗终极的恐惧。

我们的一生有限，你想去的地方，你要做的事情，也许总不能完全实现。

唯有读书的时候，你可以在灵魂中撒点儿野。

要知道，人生终须一次妄想，带领我们抵达未知的生命。

你的时间那么贵，要留给懂你的人。

我们想让你在爱的路上想爱就爱，在成长的路上一直成长。

我们，也想成为你精彩人生中不可或缺的一部分。

我们秉承“爱与阅读不可辜负”，个人发展学会坚持“陪你成长，持续精进”。

让迷茫的人不迷茫，让优秀的人更优秀。

扫码有惊喜

彼得定律

包楚婷／著

北方文藝出版社

图书在版编目（CIP）数据

彼得定律 / 包楚婷著 . -- 哈尔滨：北方文艺出版社，2020.6

ISBN 978-7-5317-4739-0

Ⅰ . ①彼… Ⅱ . ①包… Ⅲ . ①心理学 – 通俗读物 Ⅳ . ① B84-49

中国版本图书馆 CIP 数据核字（2020）第 029897 号

彼得定律

Bide Dinglü

作　者 / 包楚婷

责任编辑 / 富翔强

装帧设计 / 平平 @pingmiu

出版发行 / 北方文艺出版社

发行电话 /（0451）86825533

地　址 / 哈尔滨市南岗区宣庆小区 1 号楼

邮　编 / 150008

经　销 / 新华书店

网　址 / www.bfwy.com

印　刷 / 朗翔印刷（天津）有限公司

字　数 / 150 千

版　次 / 2020 年 6 月第 1 版

开　本 / 880×1230　1/32

印　张 / 7

印　次 / 2020 年 6 月第 1 次印刷

书　号 / ISBN 978-7-5317-4739-0

定　价 / 42.80 元

目录
contents

第二章　角色定位：聚焦你的职业优势

第三章　能力定位：深挖你的专业优势

第四章　沟通定位：翻倍你的社交优势

第五章　决策定位：引爆你的人生优势

第一章

环境定位：

机遇面前人人平等

态度效应：
没有绝望的环境，只有绝望的心态

有心理学家做过一个有趣的实验，他们在两个房间里分别放进两只猩猩，并在房间的墙壁上镶满了镜子。其中一只猩猩性格温顺安静，另一只则暴躁不安。第一只猩猩进入房间之后，它看到镜子里的自己，以为是其他的猩猩朋友，很快就和“它们”打成了一片，相处融洽。它在房间里待了三天，实验人员将它带出房间时它还依依不舍。另一只猩猩进入房间之后，看到镜子里凶恶的猩猩，立刻就被激怒了，它开始和镜子里的“猩猩们”斗争。三天的实验时间，它在无穷无尽的斗争中变得筋疲力尽。

这个实验给我们的启示便是“态度效应”的全部内容：他人对我们的态度决定于我们对他人的态度。这种态度会决定我们的人际关系，甚至决定我们的人生。生活就像一面镜子，会照射出我们原本的样子。我们对它笑，它也会对我们笑；我们对着它哭，它也会对着我们哭。所以当我们抱怨生活无情地对待我们的时候，我们应该反思一下自己，是不是我们也没有好好对待生活呢？

物理学家斯蒂芬·霍金，就是“世界以痛吻我，我却报之以歌”的最好例子，在他快要去世的那段时间里，他的身体越来越差，一位摄影师前去拜访他。摄影师后来形容说："去给霍金拍照的时候，他的精神状态并不好，眼皮一直睁不开。他的皮肤上全是针眼，每天都需要注射多次针剂，以维持眼睛下面仅有的一小块肌肉活跃。但就连这仅有的一小块肌肉，也在慢慢萎缩。"

拍摄结束前，摄影师问了霍金一个问题："您能不能再给我一个词，表达一下您想对世界说的话？"

在一旁照顾霍金的护士说："对不起，摄影师先生，霍金先生已经很累了，他恐怕回答不了，而且他眼睛下的肌肉一直在萎缩，最近经常出错，他可能也做不到。"但正当摄影师准备离开时，突然听见屏幕上光标的声音，他和护士都停下来看。原来，霍金在用他眼睛下那一小块肌肉指挥光标在屏幕上移动，最后停留在"W"上。

护士又说："不好意思，霍金先生最近打字经常不受控制，有时候打出来的字是没有意义的。"但是光标又移动了，第二次停留在"O"上面。过了一会儿，光标又停在了"W"上面——是"WOW（哇）！"

即便这个世界从来没有好好对待过霍金，但是霍金一如既往地保持着对这个世界的热爱与好奇，一生都没有停止过对世界的探索和思考。我们只知他的成就令人难以企及，却不知他对世界的态度也令人难以望其项背！他洞悉了生活最残酷的样子，却拥有了最美好的人性。

正是生活的痛苦让我们意识到，积极的生活态度是多么重要。积极心理学诞生于2000年，是人类社会发展史中的一个新的里程碑。它还有一个通俗易懂的名字叫幸福心理学，意味着追求幸福就要拥有积极的生活态度，挖掘出人性潜在的建设性力量，促进个体和社会的发展。直到现在，大家才逐渐意识到，幸福生活只有物质和身体健康是不够的，心理的健康同样重要。

心理健康并没有一个统一的标准，这里列出几点以供大家参考：第一，智力正常，能够正确、客观地认识自然和社会，能够以积极正确的态度面对现实中的问题、困难和矛盾；第二，情绪反应适度，保持乐观和稳定的心态，心胸开阔，对未来抱有希望；第三，意志品质健全，对自己的言行举止能够有一定的自觉性、独立性和自制力，能够经得起困难和挫折的考验；第四，自我意识正确，能够正确地认识自我，能够自尊、自信，与人相处不卑不亢；第五，个性结构日趋完善，有自己的需求、动机、兴趣、能力、性格；第六，良好的人际交往，乐于与人交往，能够建立良好的人际关系；第七，行为得体，知道自己该做什么以及该怎么做。

心理健康关系到个人的身心健康、人格完善、工作成绩、生活质量，更关系到家庭幸福、社会安定与精神文明。积极心理学的先驱塞里格曼和谢尔顿对积极心理学所下的定义道出了其本质："积极心理学是致力于研究普通人活力与美德的科学。"懂得积极心理，才能知道我们该怎样积极地对待生活，才能知道该怎样获得真正的幸福。

但是，我们也要警惕心理学与"心灵鸡汤"之间的区别——后者只是一味地说鼓励和温暖人心的话，但实际上并没有明确地指出实践的方式和途径。所以，"心灵鸡汤"喝再多，也没有营养。心灵鸡汤或许会告诉我们要像霍金一样微笑地面对生活，即便生活待我们如斯，我们也要勇敢地对世界说出WOW，但是心理学会告诉我们心理健康有哪些判断标准、怎样把握行为和情绪、拿捏人际关系的分寸……这就是“鸡汤”和科学的区别。

不过，随着社会的发展，人们对心灵鸡汤逐渐失去了兴趣，反而一种叫作“毒鸡汤”的新兴事物进入了大家的视野。“毒鸡汤”是一种披着心灵鸡汤外衣的文章，但读起来又完全不是那么回事，完全没有温暖、积极、正面的力量，内核全都是贩卖焦虑、夸大事实、危言耸听。更有利欲熏心者，在其中加入了大量的营销广告甚至骗诈信息，看起来更像是广告宣传，实则和洗脑已经没有本质的区别了。

有时候，生活就是让我们不遂愿，当我们想对这个世界表达我们的态度的时候，到态度表现出来的时候，已经不是我们最初想象的那个样子了。我们在前面说过了很多关于态度被改变了的理论，难道我们就不知道“毒鸡汤”有害吗？但为什么还是会轻易地被它牵着鼻子走呢？因为，有一点都被大家忽视了，那就是态度和行为的关系。

到底是态度决定行为，还是行为决定态度？我们大多数人都认为是前者，毕竟，“态度决定一切”，但是在某些情况下，行为也能够影响态度。其实行为和态度是一种相关关系，需要保持一致，如果不一致，就会出现认知失调。当态度改变时，行为也会跟着改变；行为要是改变了，态度也会随之转变。

摩西奶奶效应：
成功从来与年纪无关

美国有一位艺术家叫摩西奶奶，为什么大家会亲切地称一个艺术家为奶奶呢？原来，这位摩西奶奶在75岁之前都是一个农妇，干了一辈子农活，她在73岁那年，由于一次摔伤，她才停止劳作。但是她并没有因此安度晚年，而是从75岁开始学起了画画。没想到，她在艺术上有着惊人的天赋，80岁的时候，她举办了首次个人画展，成为美国最著名、最多产的原始派画家之一。

摩西奶奶并没有优越的家庭条件，为了照顾十个孩子，她大半辈子都在辛苦劳作，但是她并没有放弃对生活的热爱。所以当她拿起画笔的时候，自然而然地就将她最熟悉的农场景象置于画布之上。她从未接受过正规的艺术训练，却爆发出了惊人的创造力。在她二十多年的绘画生涯中，总共创作了一千六百多幅作品，一经展出便引起了轰动。可以说，摩西奶奶是当代最令人尊敬的民间艺术家，并且也是同时代最知名的女性艺术家。

著名作家张爱玲曾说："出名要趁早，来得太晚，快乐也不那么痛快。"那一年，她才24岁，属于典型的年少成名。直到现在，很多人也是这样的心态：人都老了，还折腾什么呢？当然是年轻的时候才有精力和资本折腾，就算失败了，也大可以重新来过，老了之后哪还有那么多机会？

这固然很有道理，但在某些情况下也不符合实际，比如，在艺术领域大器晚成的人就有很多，国外有摩西奶奶，中国则有齐白石。

摩西奶奶曾说过这样一句话："任何年龄的人都可以作画。"固然，并不是每个人都有绘画天赋，但有其他的天赋也未可知。如果一辈子都不去尝试发掘，那么我们的天赋和潜力就永远得不到发挥。还有谁比摩西奶奶更晚开始呢？谁说晚年的成功就会打折扣呢？

所以，我们永远不能失去重新开始的勇气。人的潜力是无穷的，但大多数人对"无穷"的感受却并不怎么直观。在这里，我们可以用数据来说话：我们大多数人的大脑潜能只开发了不到10%，而被誉为天才的爱因斯坦也只是比普通人多出了4%而已。也就是说，我们都有尚未开发的巨大潜能，就像海面上漂浮着的冰山，显露出来的只是一角，而潜藏在海水中的才是巨大的宝藏。

大家都知道人脑神经元的相关知识，实际上我们每个人都约有140亿个神经元。在数量上，每个人都是一样的，区别只在于神经元之间的联系复杂度和信息在神经元之间的传导速度，这一区别固然有先天因素，有的人是天生的神童，因为他们的脑结构比我们完美一些，但人的神经元的总量却是一样的，后天的开发也可以达到同样的效果，比如大器晚成的摩西奶奶、齐白石，等等。

这对教育工作者来说却是一个重要的启示：虽然我们并不都是天

才，但是我们普通人和爱因斯坦之间也只差4%而已，所以，只要后天有意识地开发大脑潜能，人人都有可能成为天才。在孩子们还小的时候，我们可以帮助他们做好这一步，这样他们在以后的学习、工作中会更加游刃有余。

发展心理学主要是研究人一生当中的心理发展和变化的，其奠基人是德国生理学家和实验心理学家普莱尔，他于1882年发表的《儿童心理》标志着发展心理学的正式诞生。如今，发展心理学理论已经有了相当广泛的应用，比如我们现在已经达成共识的胎教。

教育的目的实际上是为了实现个体的更好发展，这里的“发展”可以看作是潜能的发掘和展现。虽然孩子尚未出生，但是随着器官的逐渐发育成熟，胎儿的听觉、视觉、嗅觉等都是能够感受外界信息刺激的。而信息的刺激就是潜能开发的重要方式，比如胎教中最典型的听音乐，就是用乐曲来刺激孩子的听觉发育，这可以在很大程度上促进孩子的大脑发育。除了胎教，在儿童时期，接收到多种刺激的孩子也会发展得更好，这一点已经有心理学家通过实验证实了。

马克·罗兹维格等人使用老鼠做试验，他们将同一胎所生的老鼠随机分成三组，因为是同一胎，所以先天条件可以看作是一致的。第一组的老鼠宝宝们生活在标准大小的笼子里（这里的标准大小是相对于第二、第三组的小笼子和大笼子来说的），它们的食物和水也是标准量的。

第二组的老鼠宝宝们生活条件就比较艰苦了，它们住在小笼子里，食物和水比较贫乏，而且都被单独隔离开，不能在一起玩耍。最后一组老鼠宝宝是最幸福的，笼子很大，不仅有充足的食物和水，而且还有各种玩具。

这三组老鼠宝宝的生活状态实际上是模拟了三种不同的儿童生长环境，进行对比就可以发现哪种环境更有利于孩子的生长。就这样几周之后，试验者对老鼠们的大脑进行解剖，发现生活在条件优越环境中的老鼠比恶劣环境中的老鼠大脑皮层更重、更厚、神经元更大，这意味着它们的大脑发育得更好。

在我们还是孩童的时候，我们不懂得开发自己的潜能，这时候，教育的重要性就体现出来了，教育者们提供相应的条件和环境来帮助我们开发自己的潜能。但是如果我们像摩西奶奶一样，出生在一个没有办法改变的贫瘠环境中，也不要因此而灰心丧气、放弃自己。

人生的赛道很长，前面跑得快的人不一定就能够一直领先，后来居上的例子比比皆是。我们要相信，生命充满了无数种可能，值得我们去热爱和追求。

毛毛虫效应：
“从众”和“盲从”的临界点在哪里

法国心理学家约翰·法伯曾经用毛毛虫做过一个经典实验：他把一些毛毛虫首尾相接，围成一个圈放置在一个花盆边缘，并在花盆不远处放了一些毛毛虫爱吃的松叶。毛毛虫看到松叶之后便开始蠕动，但是它们却不朝着松叶的方向移动，而是跟在前一个毛毛虫的身后。

但毛毛虫是被首尾相接围成一个圈放置的，所以毛毛虫就一直围着花盆边缘转圈，一直转了七天七夜，直到筋疲力尽而死去。法伯设想过，毛毛虫也许很快就会厌倦这种毫无意义的转圈行为。但是，他最终还是失望了——并不是所有的毛毛虫都会变成“蝴蝶”，它们中的大多数都是不会变通的“追随者”。

心理学家为什么会研究动物的行为呢？其实这再正常不过了——动物身上的一些行为其实是与人类共通的。细想一下，我们身边不也存在着大量的“追随者”吗？

第一种“追随者”会像不停转圈的毛毛虫一样，只知道埋头干活，却忽略了方向的正确性。这类人适合稳定、基本没有变动的工作，一旦发生重大调整，他们就会迷失自己的方向，不知道该何去何从，这种盲目性对个人发展的制约是最大的。

第二种“追随者”是对他人的盲目崇拜，他知道方向的重要性，但是他不相信自己选择的方向，而是会去追随一个他认为值得信任的人，跟着别人的方向走。这类人属于选择大于努力的人，如果一开始选择错了，那就只能一条路走到黑。

第三种也是盲目崇拜，但是他所崇拜的不是人，而是理论。他会选择去相信书本的知识，或者轻信“成功学”，或是迷信某个成功人士的言论……总之，他想复制某种“成功”的范本，而不是通过自己的思考和努力去创造属于自己的成功。

第四种是墨守成规，这类人性格保守且固执己见，他坚信自己过去所积累的经验，而不会去尝试新的方向。这类人在某些方面和第一类人有些类似，他们都是不愿意改变的人，但其背后的原因却是，一个是“不知”，一个是“不愿”。这类人大多是有丰富阅历和人生经验的人，但却无法适应瞬息万变的社会。

最后一种人同样也是不愿意改变方向的人，但其原因是惧怕风险。不是所有人都拥有改变的勇气，或者勇气不够大，因为在原来的方向上他们已经付出了很多的努力和代价，转变方向意味着需要冒不能百分之百成功的风险，那么，又何必去冒着风险做出改变呢？这类人在所有“追随者”类型中是思考最多的一类人，在权衡利弊和风险之后，他们往往还是会选择坚持之前的方向。

当然，这么多“追随者”类型并不是永远不能成功，只要他们选择的方向是对的，付出相应的努力且坚持到底，就可以获得相应的成功。怕就怕明明知道方向错了，但由于盲目轻信或者性格缺陷，而固守己见地“明知山有虎，偏向虎山行”。

通过分析这些不同类型的“追随者”，我们就会得知，问题的关键在于——我们怎样才能知道自己“跟随”的方向是正确的呢？

首先，要摆脱思维惰性。不管身处何处，身居何位，我们都必须保持思考的习惯，囿于固有的思考框架、固守已有的知识和经验是无法让我们很好地适应不断变化的社会的。

第二，避免目光短浅。站在更高的视角去看待问题，做到这点需要我们多去学习和观察，不断地扩充自己的知识面，减少知识盲区，主动开放自己的思想，去接受新思想的洗礼，多吸取各种成功和失败的经验。

第三，要有冒风险的勇气和魄力。这一要求需要付出一定的努力才能达到，需要有优秀的心理素质去承担相应的压力，同时也要尽可能地将风险系数降到最低，避免不必要的损失。

最后，要有创新意识。被动地接受当然是不够的，更重要的是要积极主动地去探索和突破，因为有时候新的方向是尚未发现和确定的，需要我们自己去创造。

这四个要求难度从小到大，完成第一个要求之后，第二个要求才可能完成得更好，如果前一个要求都不满足，后一个要求就很难做到。不是每个人都有甘冒风险的勇气和魄力的，也不是每个人都拥有创新思维的，但我们可以养成勤于思考的习惯，培养自己的长远目光。

一个看似简单的毛毛虫效应中，蕴含着深刻的人生哲理。对心理学感兴趣的你，不妨观察身边每一个微小的事物，说不定下一个重要心理学效应的发现者就是你呢！

破窗效应：
暗示带来的颠覆性力量

有这样一种现象：当一栋楼出现一扇破窗且长期没有人修理时，其他窗户也会被人不断破坏掉，甚至楼里其他地方也会被人侵入和破坏，这就是著名的“破窗效应”。这一理论是由詹姆斯·威尔逊和乔治·凯林提出的，即：如果环境中的不良现象被放任存在，就会诱使人们效仿甚至变本加厉。

听起来颇有一点儿“破罐子破摔”的字面意思。事实上，很多犯罪现象并不是一开始就很严重，有时只是源于打破了一扇窗而已，但这扇破窗却常常是事情恶化的起点。

1969 年美国社会心理学家、斯坦福大学教授津巴多就做过类似实验：在实验中，他用了两辆一模一样的车，并将其中的一辆停在加州帕洛阿尔托的中产阶级社区，另一辆停在相对杂乱的纽约布朗克斯区。停在帕洛阿尔托的车不做处理，一个星期后，它依然原封不动地停在那里。津巴多把停在布朗克斯区的车牌摘掉，顶棚打开，结果当天就被偷走了。于是，他把帕洛阿尔托的那辆车的车窗打破，结果也是过了几个小时之后，车就不翼而飞了。

这说明：无论是车还是建筑，不管是谁，只要有一处缺陷得不到及时修复，就会有纵容式的暗示，诱使人们做出更进一步的破坏。

如果实验继续下去，会发生什么呢？在两次汽车盗窃犯罪之后，社区会逐渐失去秩序，部分居民会因为安全问题而迁出社区，没有迁出的居民也会因为担心自己的安全而对社区的其他事情漠不关心。于是，整个地区的监察力下降，使得社区治安进一步恶化。渐渐地，更多居民迁走了，外部的犯罪分子会潜入进来，犯罪行为就会愈演愈烈。如果说第一扇窗的破坏是导火索，那么人们的纵容和漠视则是火上浇油，随着第二扇、第三扇窗逐渐被破坏，局势无疑将发展到无法挽回的境地。

破窗效应的深层原因是心理暗示，这个我们在之前也提到过。所谓心理暗示，其实就是以含蓄、间接的方式对他人的心理和行为产生影响。心理暗示会让他人不自觉地按照一定的方式行动，或者不加批判地接受一定的意见或信念。罗森塔尔效应就是一种积极的暗示——用好的期待和希望让对方变得更好。

但破窗效应却恰恰相反——破窗的存在就是后续破坏的暗示，暗示着人们可以去搞点破坏。

想必大家都有过这样一种经验：变好很难，但是变坏却很容易。要成为一个好学生，我们必须每天按时到校、完成作业、提升成绩、尊敬师长，等等，如此才能达到好学生的标准。但是要变成坏学生，只需要迟到一次、骂一次老师就够了——这意味着做坏事比做好事门槛要低、难度系数要小。

除此之外，人们之所以更容易受暗示去做“坏事”，还有两个重要的原因：第一，是做坏事能更方便、更快乐，比如，乱丢垃圾肯定比收拾干净要舒服，横穿马路肯定比等绿灯要节省时间……这些看似“微不足道”的坏事做了之后就会让我们有种“快感”，一种异样的满足感；第二，是我们从小就生活在种种规则的束缚中，偶尔做一些越轨的小事，会让人感觉到一种“异质化的自由”。或许，这是源于我们内心深处的叛逆。

心理学大师弗洛伊德在其著名的人格理论中提出：我们的人格有本我、自我和超我三个层次，这三者组成了我们的完整人格。本我，是指我们内心深处的原始的能够满足本能冲动的欲望，这是一股强大的力量，被弗洛伊德叫作“力比多”。本我遵循的是快乐原则，只要能够满足欲望，就可以不择手段；超我与本我恰恰相对，代表了道德伦理和价值观念，是理想化（社会化）的人格，正是它在制约着本我的冲动，并追求更高层次的目标。自我，就是在本我和超我的平衡下展现出来的真实自我。当本我的力量占据上风时，我们就有可能挣脱超我的束缚，为了快乐去做一些坏事——甚至是去犯罪。

偶尔做点“微不足道”的坏事或许无伤大雅，但在破坏中寻求快感且上瘾，就是一件可怕的事情了。这就意味着我们的道德观念不再起到任何制约的作用，严重的甚至会形成犯罪型人格，比如反社会人格，这种情况下就属于人格障碍了，属于精神障碍的一种，需要及时治疗。

预防此类情况发生最好的办法是，不去破坏那第二、第三扇窗，不要做煽风点火的事。同时，面对第一扇破窗，我们也不能坐以待毙。因为，我们的漠视是对他人的纵容，要敢于做第一个“修窗”的人。当然，这并不容易。但“勿以善小而不为，勿以恶小而为之”，正是东方文明的崇高和伟大之处。而且，我们都愿意为理想化的人格而努力，不是吗？

旁观者效应：
明确的目标更能让你全力以赴

我们先从一个震惊全美的恶性凶杀案件说起，这就是发生在1964年的吉诺维斯案件。

案发当天凌晨三点，一位名叫吉诺维斯的女性在回家的途中被歹徒持刀杀害。歹徒施暴的过程整整持续了三十多分钟，当时有38个人听到了女生的呼救，甚至有人还在窗前看了一会儿凶杀过程。然而，在这整整三十多分钟的时间里，没有一个人去救她，也没有一个人报警，一条鲜活的生命就在旁观者的不作为中逝去了。案件被报道后，引起了社会各界的轩然大波，大家讨论的焦点都在目击者的冷漠上——面对如此残忍的恶性事件，连举手之劳都不愿做，实在让人无法理解。

这一事件引起了美国社会心理学家达利和拉塔奈的注意，他们在研究了此次事件的各方报道之后，提出了著名的“旁观者效应”：无人帮助吉诺维斯的原因正是目击人太多了，人越多，愿意帮助她的人反而越少。为了证实这一效应，他们便在大学中设计了两个实验。

他们找来纽约大学的学生们做被试者——当然，他们并不知道实验的目的。

第一个实验是癫痫实验：实验者对被试者们说，这个实验就是想了解一下他们的大学生活。每个大学生被单独安置在一个房间里，只能通过专门的通信工具讲话。这种通话装置的特点是一次只能一个人讲话，但其他所有人都能听见他说话，每个人有2分钟时间说话。

实验者将所有被试者随机分为三组，也就是将他们分到不同的实验条件下：第一组被试者被告知，他们只能与另外一个人交谈，这一组我们就叫它二人组；第二组被试者被告知，他们可以与另外两个人交谈，即三人组；第三组可以和另外五个人交谈，即六人组。除了人数之外，其他实验条件都是一样的。

当然，这里的可交谈人数都是假的，其实每组中只有一名被试者，和他交谈的声音都是录音。但因他们都在单独的房间中，所以并不知道自己被骗了。

实验开始，被试者会先听到一个男生讲话（其实是播放录音），谈的内容都是关于大学生活的，说到中间时会提到他有癫痫病，在压力大时容易发作。他讲完之后，第一组就轮到被试了，第二、三组是轮到下一个人讲话，就在被试者按照讲话顺利进行的时候，意外事件发生了——那个第一个说自己有癫痫病的男生的病情发作了（当然还是录音），他开始发出求救的声音：“……我的癫痫病就要发作……我需……要一些……帮助，如果有人愿意帮助我……（此时有哽咽声）我要死了，帮……助癫痫……”这一场景模拟的就是吉诺维斯事件——情况同样危机，同样有多人旁观，旁观者们同样都听到了凄惨的求救。

那么，被试者的表现如何呢？二人组有85%的被试者实施了帮助行为，即离开房间，向实验者报告情况，六人组只有31% 的被试者实施了帮助。在反应时间上，二人组的平均反应时间不到一分钟，而三人组则接近三分钟。也就是说，当被试者只有自己一个人时，对方发生危险，他提供帮助的可能性最大，但是当被试者知道自己不是一个人时，他采取施救行为的可能性就会大大减小，即便他们最终提供了帮助，时间也会相对延迟。

第二个实验和癫痫实验类似，只是换了一个场景，叫作房间充烟实验。同样找来大学生们做被试者，让他们坐在房间里做问卷。同样也是三组：第一组只有被试者一个人在房间里，叫单人组；第二组是三个被试者在房间里，叫真三人组，既然有真三人组，那就有假三人组了；第三组是一个被试者和两个实验助手假扮的被试者在同一房间。做问卷做到一半的时候，房间里出现了紧急情况：大量不明烟雾涌入房间，很明显，这是着火的征兆。

结果，单人组中有75% 的被试者向实验者报告了房间烟雾情况，真三人组中只有38%，而到了假三人组，报告率只有10%，甚至有被试者直到实验结束都没有行动，尽管他们已经被烟熏得揉眼睛和咳嗽了。

经过这两个实验，我们应该能够更加客观地看待这一问题，而不能单纯地用人性的冷漠来解释旁观者的不作为。达利和拉塔奈总结了这一现象，叫作“旁观者介入紧急事态的社会抑制”，简称“旁观者效应”。

旁观者效应的出现有一个重要的原因，就是责任分散——人越多，责任被分散得越多，也就是每个人需要承担的责任就越小，自然提供帮助的可能性就越小。当我们一个人被要求去完成某项任务时，我们无可推脱，责任是我们一个人的，责任感会驱使我们去努力完成。但如果一个任务被分到一个团队的头上，而每个人又没有明确的任务分工，就像突发事件发生时那样，大家并不明确自己应该做什么，这时就相当于大家都没有任务了。

所以，在遇到这样的情况下，正确的求救方式应该是把任务落实到个人头上，例如，直接求助："这位男士可以帮我报个警吗？"

还有一个原因是"法不责众"，其实也和责任分担有关。因为人数少的时候，承担责任时会更重，但如果旁观的人数很多，那么就算承担后果，那分到每个人头上也不严重。当我们处在群体中时，我们就不再是我们自己了，我们就成了群体中的一员，没有名字，人人平等，这就叫作群体中的"匿名性"。匿名性可以使得我们隐藏在群体之中，让别人难以发现我们。这就会导致群体在干坏事时没有明确的约束，因为怪也怪不到我们一个人身上。处于群体中的人们的道德约束力会比单独个体时要低，这也是目击者们见死不救的原因之一。

另一方面，从众心理也是其中的原因之一——发生意外情况时大家都很惊慌失措，一时之间大家都不知道如何是好。这时，大家肯定会看向身边的人在做什么，当大家都不行动时，在这种群体影响下，自己也就不作为了，或者延迟行动。所以，群体的效率并不一定就高于所有个体加起来的效率。

投射效应：
眼中的世界，其实就是内心的世界

“投射效应”，是指我们倾向于将自己身上的某些特质投射到他人身上，我们会将自身所持有的某种态度在不知不觉中投射到他人身上，觉得他人应该和我们持有同样的态度，这是一种错误的推己及人。就像单纯善良的白雪公主，容易把世界上其他人都当作和她一样的人，所以才会一次又一次上当。因为投射使人们倾向于按照自己是什么样的人来知觉他人，而不是按照实际观察到的真实情况来进行知觉。显然这是一种知觉上的偏差，容易对他人造成错误判断。

心理学家罗斯做过关于投射效应的实验研究，他找来80名大学生参加实验，向他们征求意见，问他们是否愿意背着一块大牌子在校园里走动。其中48名大学生表示同意，并认为大部分学生都会同意；而拒绝背牌子的大学生们则认为，只有少数学生会愿意背。这就说明了投射效应的作用，那么其背后的原理是什么呢?

按照经典精神分析理论的说法，心理投射是一种心理防御机制，是我们的潜意识在保护我们，减轻焦虑和压力。心理防御机制由弗洛伊德最早提出，“自我”会遵循快乐原则，追求欲望满足的同时力求避免痛苦，又受到“超我”道德标准的限制，个体的“自我”就会处在“本我”和“超我”的矛盾之中。这就导致其必然会面临种种挫折或冲突的紧张情境，潜意识想要摆脱这种紧张压力，就会用一些心理防御机制来保护“自我”，同时让“超我”能够接受，也能够让“本我”得到满足。

比如，我们在考试时想作弊，这是本我的想法，但是超我要遵循诚实原则，阻止本我做这种事，所以自我就会在二者中间调和“想作弊”和“想诚实”的冲突，如此内心就会非常痛苦，这时内心便会引进心理投射，认为肯定有其他人也作弊了，这样我自己做一点儿弊也无可厚非，于是心里就好受多了。

还可以用发展心理学的理论来解释。处于自我中心时期的儿童也会有投射现象，这来自著名心理学家皮亚杰的“认知发展理论”，自我中心就是指儿童思考问题时总是以自己的角度为出发点，他们以为别人看到的世界与他们看到的是一样的。这是儿童时期的思维方式，显然是不成熟的，但是有自我中心心理的成年人同样也会犯这种错误。为什么会处于自我中心也有两种可能，一种是对他人不了解，所以只能依靠自己的想法去推测他人，另一种是认为别人的想法不重要，自己的想法可以代表他人的想法。

不管是自我防御还是自我中心，总之就是这些心理造成了我们的认知错误，这些错误通常分为三种，所以相应地会产生三种投射效应：

第一种是相同投射，即把自己的想法投射到他人的身上。经常有家长在辅导孩子作业时崩溃的例子，因为家长认为“1+1”这么简单的知识点孩子早就懂了，但其实是他们自己明白了，孩子却不懂，所以高明的教育者一定会站在孩子的角度考虑问题，把自己当成孩子来做题。

第二种是愿望投射，即把自己的主观愿望强加给别人。这一点经常出现在家庭教育里，父母希望孩子成为一个钢琴家，便从小安排孩子学习弹琴、考音乐学院，实际上这只是他们自己的愿望，并没有问过孩子自己愿不愿意。

第三种是感情投射，对我们喜欢的人，我们会觉得他们优点越来越多，并且我们会将自己的感情投射到他们身上，对他们进行美化，这种不理智的“追星”式行为就是感情投射。这种情况在情感交互中表现得最为典型，比如“情人眼里出西施”就是这个道理——对自己喜欢的人不管怎么看都是优点，但是自己不喜欢的人就越看越讨厌，什么都是缺点。

了解了这三种常见的投射之后，我们在平常就得多加注意。投射效应产生作用的最重要原因是主观主义，要想克服，就需要加强理性思考。世界上没有完全相同的人，与我们不同的人千千万万，他们有自己的想法和感情，我们不需要他们和我们一样。

马太效应：
优势积累，成功是成功的通行证

《圣经·马太福音》，其中讲了这样一个故事：

一个国王给三个仆人每人一锭银子，让他们去赚钱，三个仆人回来之后交出了他们的答卷。第一个仆人用一锭银子赚了10锭，国王很高兴地嘉奖了他10座城邑；第二个仆人赚了5锭，国王便嘉奖给他5座城邑；而第三个仆人却从手帕中拿出原来的一锭银子，对国王说，他怕丢了这一锭银子，所以一直就没拿出来过。国王不仅没有嘉奖他，还把这一锭银子给了已经有了10座城邑的第一个仆人。

然后，国王说了一句经典的话，也揭示了马太效应的基本原理："凡是少的，就连他所有的，也要夺过来；凡是多的，还要给他，叫他多多益善。"

1973年，美国科学史研究者罗伯特·莫顿研究发现："公众会给予已有相当声誉的科学家越来越多的声誉，而对那些未出名的科学家则不愿给予过多的声誉。"于是，他将这种在科学史中发现的现象命名为"马太效应"。

我们可以将这个效应拓展到其他领域：任何个体、群体或地区，一旦成为竞争的优胜者而占据了有利位置，就会产生一种积累优势，以后就会有更多的机会积累优势。马太效应后来成了社会心理学中的一个经典效应，也被非常广泛地运用于经济学领域。

马太效应可以用来解释很多不公平现象，比如富人越富，穷人越穷。心理学家托马斯·哈里森曾经说过："学校是一个使富有者更富有，穷者更穷的地方。"教育是实现弱势群体向上流动的必要条件，我们所处的这个时代的贫富差距，大都来自教育资源的分配不均，也就是教育中的马太效应。

教育中的马太效应具体有哪些表现呢？首先表现在教育资源上，地区和地区之间、城市和乡镇之间、学校和学校之间都有很大的差距。就拿中国来说，沿海地区的教育资源优于内陆地区，城市比乡镇多，名校的教育资源更是不用多做赘述。这样的情况必然会导致教育资源多的地方越容易培养出优秀的人才，同时也能够吸引更多的人才，反哺教育资源，教育发展就在这样的循环中越来越好。而对于教育资源少的地区来说，本来就很难培养出好的人才，又很难吸引外来人才，教育质量只能越来越差。

第二点与罗森塔尔效应有关，它是教学管理上的马太效应。由于老师的资源有限，所以老师会对他认为的那些有发展潜力的学生给予更多的关注，而这些学生在得到老师的关注之后会更加积极地给出反馈，表现也会越来越好，老师的关注度自然也就越来越高。反之，本来就是后进生的那些学生，得到的关注就会越来越少，最终连他们自己都会放弃自己，学习成绩自然就会越来越差。

如果任由马太效应发展下去，无疑会对教育事业遭成很大的影响，也会造成各种各样的乱象，比如家长们会为了自己孩子的成绩增长，从小就将孩子送去各种补习班，各种名目的补习班就会像雨后春笋一般层出不穷地出现，至于这些补习班的收费标准，却没有一个统一的标准。一出生就处在教育资源激烈竞争的环境中，家长们会感到焦虑不安，就连孩子也会被折腾得叫苦不迭，这与教育的初衷完全是背道而驰的。

要想阻止这种教育上的乱象，还得国家出台相关政策，让教育资源能够平等分配。

首先，要支援教育资源薄弱的地区和学校，使用补贴等手段输送一批优秀的人才，带动教育资源从高处向低处流动。

其次，可以鼓励社会各界人士积极办学，避免单一形式的教育资源竞争，通过多种形式的办学为家长们提供更多选择。

最后，在教学管理上，要求老师们充分尊重所有孩子的发展潜力，一视同仁地对待所有水平的学生。

在心理学上，有一种能力叫作“共情”，就是能够设身处地地体会他人的想法和感受，老师作为一线教育者，面对成长中的孩子们非常需要具备这种能力。因为孩子在思想上、情感上没有办法做到和成年人一样成熟稳重，他们需要老师的关心和理解，需要老师在他们的成长过程中及时地给予帮助。如果老师没有这种能力，总是忽视他们的想法和感受，那么这样的教育就是非常失败的，这样的教育者也是不合格的。

不过，马太效应并不都是只有消极负面的作用，而是积极和负面影响都有。其积极影响是，可以让最优秀的人得到最好的资源，这会激励越来越多的人努力奋斗，提升自己，向着最高的目标努力。消极影响则是会让那些原本有机会的人失去机会，造成社会的不公平现象。但是，世界上哪有那么多绝对公平的事情呢？所以，作为个体的我们只有努力奋斗才是硬道理。

泡菜效应：
时势造就英雄，环境造就卓越

泡菜大都是由大白菜腌制的，但是，由于加入了不一样的调料浸泡，当人吃到嘴里的时候，味道就完全不一样了——这就是“泡菜效应”。其实，这一效应与“近朱者赤，近墨者黑”是同一个道理，都强调环境会改变人——在不同环境的长期耳濡目染之下，人的性格、品行、思维方式都会发生明显的改变。

1979年，诺贝尔物理学奖获得者温伯格说：“我之所以获奖，是因为我们学校有一种人才共生效应。”经调查发现，温伯格的同级生中，有十多人成了美国著名的物理学家，回顾学校的教育环境时，他感慨道：“那时，学校的物理老师都特别棒，鼓励我们自由思考，作业很少，让我们学有余力。当时学校还有科幻俱乐部，我们都是俱乐部的积极分子。”这是泡菜效应的典型例子。

环境的力量到底有多大呢？我们可以从双生子研究中找到答案。双生子，其实就是我们常说的双胞胎。双生子可以分为两种——同卵双生和异卵双生，同卵双生是由同一个受精卵发育而来，所以在基因上是完全一致的。如果同卵双生子在不同的环境中长大，就可以排除先天因素，研究不同环境对个人成长的影响。当然，我们不可能去强行拆散一对双胞胎，但可以去寻找一些偶然因素下分开成长的双胞胎来进行研究。

心理学家确实找到了很多这样的双胞胎，经过对他们成长过程的长期跟踪观察，发现尽管他们在智商、气质这类由遗传决定的因素上有很高的相似度，但是在性格上却可以迥然不同——“性格即命运”，他们的命运也可能截然不同。

遗传对智力的影响我们不用多说，心理学家詹森已经为我们证明了，不管儿童是由原生家庭抚养长大的，还是被其他家庭收养或寄养的，他们的智商都和亲生父母显著相关。所以，詹森将智力归结为遗传的因素。

同样，气质也是一样，都是由高级神经活动的特性和类型决定的。固然遗传对性格也有影响，但是和后天的环境相比，后者更具有决定性。我们把性格定义为一个人对现实的态度和他习惯的行为方式，随着环境的变化，性格也会随之而变。当然，成年人的性格一旦形成，也会趋于稳定，除非环境有重大变化。

环境包括出身的家庭、生活的学校和社会环境。我们都知道，童年对人的性格形成有重大影响，缺少母爱的孩子有可能会变得胆怯、自卑；遭受过校园暴力的孩子有可能会留下一生的心理阴影……这些都是环境影响人的常见例子。

著名心理学家华生就是坚定的“环境决定论”者，他在《行为主义》中写道：“给我一打健全的婴儿，一个由我支配的特殊环境，我可以担保，我随便找一个婴儿，无论他父母的才干、倾向、爱好、职业及种族如何，我都可以把他训练成为任何一个医生、律师、艺术家、商界领袖，甚至乞丐或强盗。”

华生做过一个非常有争议的实验，即著名的阿尔伯特实验。华生和其同事雷纳从医院中挑选了一个9个月大的婴儿——小阿尔伯特来进行这项研究。在实验开始之前，华生让小阿尔伯特接受了一系列基础情感测试：让他首次短暂地接触了一些事物，白鼠、兔子、狗、有头发和无头发的面具、棉絮等，结果显示，小阿尔伯特对它们完全不恐惧。

过了两个月，小阿尔伯特11个月大了，华生和他的同事们再次进行实验。开始时，他们把阿尔伯特放在桌子上，然后把一只小白鼠放在他身边，并允许他逗它。当然，此时的阿尔伯特并不害怕白鼠。后来，每当阿尔伯特开始逗弄小白鼠，华生和雷纳就在他身后用铁锤敲击悬挂的铁棒，制造出巨大的声响，小阿尔伯特立刻吓得丢掉了小白鼠，并且哇哇大哭。经过多次这样的操作之后，当小白鼠再次出现在阿尔伯特面前，他就会变得非常害怕，开始哭泣并想要离开房间。

当然，这一环境是人为制造的，但这也说明了环境是可以改变一个人的。

不过这个实验具有争议的地方在于，经过这次实验之后，小阿尔伯特把对小白鼠的害怕泛化了——他开始对毛茸茸的东西感到害怕，包括兔子、毛绒玩具、海豹皮的大衣、有毛发的面具，这给长大后的阿尔伯特造成了很大的影响。因为实验结束之后，实验者还未来得及将他身上的恐惧去除。当然，这样人为地改变人类心理的实验必然是违反伦理道德的，在现代，这种实验是绝对禁止的。

这对我们的教育者又是重要的启示，我们要给成长中的孩子们最适宜的环境，让他们在潜移默化中提升自己。“润物无声”的环境熏陶往往比直接的人为教育要容易让孩子接受。

首因效应：
第一印象有多重要

“首因效应”和我们的记忆息息相关，某些案例中提过：人证的话可以用来参考，但不能仅凭此就对案件做出判断。因为，人的记忆是不可靠的。“首因效应”就是影响记忆准确性的重要因素，所谓首因效应，又叫第一印象效应，指的是交往双方形成的第一印象对今后关系的整体影响。

第一印象是印象最深的，同时也是最难以改变的，这是为什么呢？实验心理学研究表明，外界信息输入大脑时的顺序能够决定认知效能，最先输入的信息作用最大，后序输入的信息也起一定作用，但作用不会那么大，这也叫系列位置效应。

我们先来解释首因效应的成因，主要是因为大脑处理信息的特点，大脑会优先认为先输入的信息更为重要，即使后面的信息也很重要，但大脑已经形成了“先入为主”的习惯。而且，如果后序的信息与之前的不一致，就会被前序信息修正，所以第一印象是很难改变的。

首因效应首先是由社会心理学家阿希在有关印象形成的实验中发现的，但在当时并没有引起足够重视。后来，洛钦斯专门对它进行了实验研究，他编了两段故事用作实验材料，故事描写的是一个叫詹姆的学生的生活。其中一段把他描写成一个热情、外向的人，而在另一个故事中，他冷淡且内向。故事的内容我们不妨看一下：

“詹姆走出家门去买文具，他和他的两个朋友一起走在充满阳光的马路上，他们一边走一边晒太阳。詹姆走进一家文具店，店里挤满了人，他一边等待着店员对他的注意，一边和一个熟人聊天。他在买好文具向外走的途中遇到了熟人，就停下来和朋友打招呼。后来，告别朋友后，他就走向学校。在路上，他又遇到了一个前天晚上刚认识的女孩子，他们说了几句话后就分手告别了。”

从这段描述中可以看出，詹姆交友广泛、爱好聊天，只要出个门就能碰到一堆熟人，而且和他们的关系还都不错，这是典型的外向型性格。

“放学后，詹姆独自离开教室走出了校门，他走在回家的路上，路上阳光非常耀眼，詹姆走在马路阴凉的一边，他看见路上迎面而来的是前天晚上遇到的那个漂亮的女孩。詹姆穿过马路进了一家饮食店，店里挤满了学生，他注意到有几张熟悉的面孔，詹姆安静地等待着，直到引起柜台服务员的注意之后才买了饮料，他坐在一张靠墙的椅子上喝着饮料，喝完之后他就回家了。”

这段和上面的描述正好相反，詹姆总是一个人待着，很少和别人有交集，就算遇到了熟人也不会主动攀谈，甚至去买吃的也要等服务员先开口问他，这是典型的内向型性格。

然后，洛钦斯对两段故事做了几种处理：第一种是将詹姆外向的性格描写放在前面，内向的放在后面；第二种与第一种相反，内向的放在前面，外向的放在后面；第三种只有描写外向的性格；第四种则只有描写内向的性格。然后，洛钦斯拿这四种材料让中学生们做阅读理解，任务是对詹姆的性格进行评价。

结果发现，第一组被试者有78%的人认为詹姆是热情外向的人，第二组是18%，第三组为95%，第四组就只有3%了。这一研究结果证实了第一印象对认知的直接影响，并且这种现象是普遍存在的。

根据研究，当我们和别人初次见面时，只需45秒就能产生第一印象，里面包括了对方的性别、年龄、长相、表情、姿态、身材、衣着打扮等各方面。所以我们要想办法给别人留下好的第一印象。社会心理学家已经给我们做了全方位指导，社会心理学家艾根提出了“SOLER模式”，我们按照这一模式来表现自己，就可以明显地增加他人对我们的接纳性。

SOLER分别指的是：S表示要面对别人的坐姿或者站姿；O表示姿势要自然开放；L表示身体微微前倾；E表示目光接触；R表示放松。

卡耐基也在他的名作《如何赢得朋友并影响他人》一书中总结了六个给人留下良好印象的办法：真诚地对别人感兴趣，微笑，多提别人的名字，做一个耐心的倾听者，鼓励别人谈他们自己、谈符合别人兴趣的话题，以真诚的方式让别人感到自己很重要。

当我们了解了首因效应之后，我们不仅要自己学会利用，也要努力避免这一效应的缺点。明知第一印象的片面性、误导性，所以我们就不应该盲目地相信第一印象，比如犯以貌取人的错误。其次，首因效应也可以通过一些因素进行弱化，靠个体的丰富社会经验和阅历，还有在深入交往过程中的不断修正和完善。

人类是最有智慧的动物，但是我们自己的大脑有时候也会给我们找麻烦。为了能更好地了解自己，我们不仅要了解自己的优点，还要了解自己的弱点。

罗森塔尔的负效应：
什么样的期望，就会培养什么样的人

“罗森塔尔效应”又名“皮格马利翁效应”，它是教育心理学领域最负盛名的心理学效应之一，至今仍影响着世界上许许多多的教育者。

我们先来了解一下罗森塔尔①和他的伙伴雅各布森在1968年所做的经典实验：

在1968年的某一天，罗森塔尔来到一所小学，他从一年级到六年级每个年级中随机抽选出3个班级，说要对这18个班级的学生做一次未来发展趋势的测验。做完之后，罗森塔尔交给这些班级的老师一份名单，对他们说名单上的学生是最具发展潜力的。但实际上，这份名单只不过是罗森塔尔随机选出来的，之前的测验也不过是幌子而已，只是为了让老师们相信这些学生真的具有潜力。

过了一段时间，罗森塔尔再次回到学校后惊奇地发现，那个他随机交出的名单上的孩子，成绩大都有了很大的进步，而且不仅是成绩，就连他们的性格也变得更加活泼开朗——他们求知旺盛，也更有自信，在这份名单里的那些之前较为调皮的孩子居然也变成了优秀的学生。

---

① 美国心理学家，著有《行为研究纲要：方法与数据分析》。

实际上，罗森塔尔效应也被叫作皮格马利翁效应。皮格马利翁可不是什么心理学家，他是古希腊神话中的一位国王，传说他对自己亲手雕刻的一尊少女雕像产生了爱慕之情，希望和她在一起。由于他的痴情感动了天神，使这尊雕像变成了真人，于是，他就和雕像变成的少女幸福地结合了。

罗森塔尔所做的这个实验其实和这个神话故事原理相同——老师们因为相信了这些学生是具有发展潜力的，所以对他们也就抱有了更高的期待，会对他们保持更多的关注，而这些孩子也因为得到了更多的关注，也会回馈给老师们更多的积极响应。于是，在这种积极互动中，这些孩子也变得越来越优秀，老师的期待也就成了现实。

这个效应给了我们所有教育者——特别是父母和老师——一个非常重要的启发：**一个孩子是否足够优秀，其实其资质是次要的，关键在于教育者对他是否保持足够的关注，是否给予其正向的期望。**

心理暗示的力量是非常强大的，一旦教育者们相信被教育者是优秀的，那么他们的一言一行都会透露出对被教育者的关注和期望，被教育者就会在这种潜移默化中相信自己是优秀的，他们的潜力就会被激发出来。即便他们本身是智商和能力都一般的孩子，但是，我们都知道人的潜力是无限的，他们身上仍有着无数种可能——只要我们能够给予足够的期待及信任。

还有一点启发是对管理者有用的，人才并不都是招揽来的，大部分都是需要领导者自己去培养和挖掘的。罗森塔尔名单中的孩子只不过是他随机抽取出来的，就连他本人事先也不知道这些孩子最终的表现会如何。这些孩子自己都不知道自己将来会成为老师眼中优秀的孩子，那么他们又如何表现自己呢？

作为管理者也应该如此，特别是对年轻员工，应当给予他们足够的信任，放手给他们表现的机会，让他们发挥自己的主观能动性去完成任务。而不是在交给他们任务的同时，千叮咛万嘱咐，生怕他们做不好，恨不得自己亲自上阵。这样的情况会导致员工觉得领导是在怀疑自己的能力，如此他们又该如何相信自己能做好呢？

天才其实很罕见，大部分人的智商其实相差不大，所以，人才往往也并不是一开始就能展现出其能力的，而是需要管理者去将员工原本就有的天赋激发出来——这才是管理者和被管理者互相成就的过程。

大家千万不要沉醉于罗森塔尔效应的奇迹效果中无法自拔，因为它的副作用同样显著。在此，我们不得不提到罗森塔尔实验中那些被老师忽略的孩子——他们原本可能就觉得自己能力一般，再加上老师的注意力（注意力是有限资源，而且班级中学生的数量远远大于老师的数量）都被名单上的孩子给“夺”走了，他们在学校还会受到重视吗？小小年纪就被贴上“没有发展潜力”的标签，他们还会相信自己以后会成为优秀的人吗？

罗森塔尔不过是拿他们做了一次简单的实验，但对他们来说，有可能会是一生的改变。

当然，如果正确地使用罗森塔尔效应，是可以发挥出其积极的效果的，但这也需要在一定条件下才可以完成。下面，我们来大致列举一下这些条件：

第一，学生自己也需要积极主动。将一个学生培育成优秀的人才，内外都需要驱动力，内在动机是孩子自己产生的——他们得知道自己是在为什么目标而努力，进而愿意为这个目标而持续努力。外在驱动力则来自环境，主要有父母的鼓励、老师的关注等。罗森塔尔效应主要作用于外在驱动力上，给予学生充分的外驱力，但如果学生始终无动于衷，无法调动自己的内驱力，那么可想而知——最终也不会有什么显著的效果出现，甚至于白费力气，浪费资源。

第二，学生的逆反心理难以控制。特别是处于青春期的学生，行为举止往往与内心无法协调一致，他们的内心深处或许是想要努力的，但老师的关注却让他产生了逆反心理——老师越希望他变好，他就越变坏——这样的心理对于处在青春期的学生来说很常见。

第三，暗示的力量与自我独立意识产生冲突。我们前面提到，老师的关注和期望是一种暗示的力量，会让学生觉得自己有潜力、有价值。但要知道，容易受到暗示影响的学生往往都是那些自我意识不怎么强烈的学生。在生活中，我们总能见到很多对父母、老师的话深信不疑的孩子，这些孩子通常都缺乏强烈的自我意识。如果孩子的自我意识过于强烈，通常会非常坚定自己的想法和判断，他们极难受到他人思想的影响。通常，这类孩子是靠内在驱动力前进的，而不是依靠外在的驱动力。

学生和员工的成长是教育心理学和管理心理学研究的对象，教育者和管理者不可不懂。就拿罗森塔尔效应来说，可能会在无意中做出改变别人一生的决定——教育者和管理者身上的责任不可谓不重要。

第二章

角色定位：

聚焦你的职业优势

苏东坡效应：
打破思维壁垒，认识真正的自我

“苏东坡效应”源于苏轼的一句经典诗句：“不识庐山真面目，只缘身在此山中。”意即明明自己就在山里，却无法将这座山看清楚。这说明，人们对“自我”往往是难以正确认识的。

古希腊圣城德尔斐神庙上刻着一句著名的箴言：“认识你自己！”被无数的哲学家用来规劝世人。后来，对自我的研究也成为心理学家们的重要课题，还有专门的一门学科——自我心理学。自我，也叫自我意识或者自我概念，指的是个体对自己存在状态的整体认知，是个体对其社会角色进行自我评价的最终结果。

心理学家对自我的研究，是围绕哲学领域的三个古老问题：“我是谁”“我从哪来”“我到哪去”展开的，这三个问题看似简单，每个人却有不同的说法。真正的心理学意义上的自我概念研究是从詹姆斯开始的，他将“自我”从意识活动中抽离出来，将自我变成一门心理学课题。

威廉·詹姆斯是美国本土第一位哲学家、心理学家，被誉为“美国心理学之父”，他的著作《心理学原理》是心理学领域的经典之作。他认为“自我是个体所拥有的身体、特质、能力、抱负、家庭、工作、财产、朋友等的总和”。

换句话说，自我就是与我们个体有关的一切的总和。他将自我分为经验自我和纯粹自我，前者又分为物质自我、社会自我和精神自我三种，是作为对象的个人，后者的自我则是当下思想的延伸。

我们在前面的内容中已经介绍过弗洛伊德的自我理论，他将自我分为本我、自我和超我三个层次。他的女儿安娜·弗洛伊德也是一位心理学家，她继承了父亲后期的自我心理学思想并加以完善，成为自我心理学的奠基人。

埃里克森是自我心理学的集大成者，同时也是安娜·弗洛伊德的学生，他将自我心理学发展成为“一生发展心理学”。并且，他提出了人生八阶段理论，自我在这八个阶段中各有占据优势的心理冲突，如果能够圆满地解决这些冲突，自我就能够提升到更高的阶段：

第一阶段是婴儿期，此时孩子尚在襁褓之中，但是他的心理已经开始发展了。即便他还在嗷嗷待哺，但他已经面临心理冲突了，即基本信任与不信任的冲突，如果能够和照顾自己的人建立信任感，就能够在他未来的人格中增加希望这一品质，增强自我的力量以及增强信念和面临危险的勇气。

第二阶段是儿童期，此时孩子主要的生活就是在家里玩耍，在各种活动中掌握大量的基本技能，学会怎样坚持和放弃，他们会自己决定一些事，出现人生中的第一次叛逆期，即他快速发展的自我意志与父母的意志之间产生了冲突。如果能够顺利解决，就能在儿童人格中形成意志品质。

第三阶段是学龄初期，此时儿童进入幼儿园开始了新生活，这对他们来说是一个新的挑战，完成挑战能够让他们更具主动性、目标感，为成为更有责任感和创造力的人奠定基础。

第四阶段是学龄期，儿童成了小学生，学习成了他们最主要的任务，他们不仅需要学习文化知识，还要学习如何适应社会的知识和技能。如果能顺利完成，他就会成为一个勤奋和有能力的人，在未来的生活和工作中充满信心。

第五阶段是青春期，这时他已经成为青少年，面临人生的第二个叛逆期，最主要的矛盾就是自我同一性和角色混乱的冲突。

第六阶段是成年早期，年龄跨度为18岁到40岁，最重要的任务是和他人建立亲密关系，克服孤独的心理危机。

第七阶段是成年期，年龄跨度为40岁到65岁，在这一时期，他已经建立了家庭，也处在事业的平稳期，所以重心就在抚养后代上。

第八阶段是成熟期，也就是老年期，这时他已经衰老，身体一天不如一天，这时他就需要在心理上做出自我调整，来对抗绝望感，形成对现实、对死亡的积极态度，获得智慧的品质。在这里特别要提及的是，埃里克森将智慧定义为以超然的态度对待生活和死亡。

此外，还有罗杰斯的“现实自我”和“理想自我”理论。罗杰斯是美国著名的人本主义心理学家，也是著名的心理咨询学者。他认为，我们每个个体都是完整的有机体，是一切经验的发源地，在自我实现倾向的驱使下成长和发展，其结果就是“自我”的发展、扩充直至自我实现。罗杰斯的学术思想用我们中国人的古话来说就是“人性本善”，所以他坚持要“以人为中心”，因为自我本来就是向好的方向发展的趋势，我们不需要做过多的干涉。

自我，被罗杰斯分为两种：一种是真实的自我，是我们现实中的形象；另一种是理想的自我，是我们期望中的那个形象。两者越接近，就说明我们越成熟，那么我们的心理就是处在健康发展的状态当中，反之则会影响心理健康。

还有米德的主我和客我理论，这里沿用的是詹姆斯的主我和客我概念。不过，由于这两个概念过于抽象，米德自己也没能在自己的作品中阐述清楚，便造成了有争议的分歧，我们这里不做赘述，但即便他的理论有瑕疵，还是非常有参考价值的。关于自我的理论数不胜数，如何适用到我们自己身上，让我们正确地认识自我，这是我们一生都需要学习的功课。

瓦拉赫效应：
在“短板”中逆推优势

德国化学家、诺贝尔化学奖获得者瓦拉赫，曾经在读书的时候被老师放弃过两次。第一次是他的父母希望他在文学这条路上能够成才，但是经过一个学期的观察，老师给他写了这样的评语：“瓦拉赫学习很勤奋，但思想拘泥，文学创作力极弱。”第二次是瓦拉赫转去学油画，但是他仍然毫无长进，被学校劝退：“你在绘画艺术方面毫无造就的余地。”

经历了两次失败的打击，他的父母都快对他绝望了。幸好，他的化学老师没有放弃他。他认为瓦拉赫做事一丝不苟，能够做好化学实验，建议他学化学。没想到，瓦拉赫在化学领域突飞猛进，22岁就获得了博士学位，并最终获得了诺贝尔奖。

瓦拉赫的故事告诉我们，不是每个人都像隔壁家孩子一样完美，再聪明的人也有可能会有一窍不通的领域，只要能找到自己擅长的事，把它做好，一样可以成为优秀的人才，这就是“瓦拉赫效应”。

胡适先生曾经也说过同样的道理：“譬如一个有作诗天才的人，不进中文系学作诗，而偏要去医学院学外科，那么，文学系便失去了一个一流的诗人，而医学界却添了一个三四流甚至五流的外科医生，这是国家的损失，也是他自己的损失。”

显然，一个人没有客观地评估好自己，就无法找到适合自己的位置，从而埋没了自己的才能。不能选择最适合自己的方向是一大错误，而做对了选择，却不能热爱并坚持自己的选择，也是一种错误。**我们应该选择那些最适合我们的东西，并且热爱它、坚持它，尽我们最大的努力把它做好，就是我们人生的意义所在。**

从表面看，瓦拉赫效应似乎和短板效应相反，一个让我们不要在意短板，一个让我们不要忽视短板，这不是互相矛盾吗？其实不然，两者的侧重点不同。前者适用于个人的成长，后者适用于团队发展。对于我们个人来说，人无完人，只要没有致命的缺点，就不会有大碍。决定我们是否能够成功的，是我们的优势是否能够胜过其他人。对于一个团队来说，要想立于不败之地，就不能有缺陷，只要有一个缺陷就会拖整个团队的后腿，还容易被当作攻击的漏洞。所以，个人和团队不可一概而论。

瓦拉赫能够成功，最重要的就是那个发现了他的闪光点的化学老师。作为教育者，如果只是一味地否定孩子，是无益于孩子的成长的，只会让他自暴自弃。因材施教是我们沿用至今的教育理念，每个人都有等待被发掘的闪光点。如果迟迟等待不来我们的伯乐，我们也可以自己去不断尝试，找到最适合自己的方向，然后再扬长避短，用成功的光芒掩盖短板。

千万不可早早地灰心丧气，对自己失去了希望。

为了避免在选择适合自己的方向上走太多弯路，心理学家们研究出了相关的心理测评，来为我们的选择提供参考。美国职业指导专家霍兰德根据他大量的职业咨询经验和职业类型理论，编制了一套职业测评工具，即“霍兰德职业兴趣测试”。

这一测试基于一个职业理论，即个人的职业兴趣特性与职业之间有一套内在的对应关系。根据职业兴趣的不同，性格可以分为六种维度：研究型、艺术型、社会型、企业型、传统型、现实型，每个人的性格都是这六个维度的不同程度的组合，每种都对应着最适合的职业。当我们处在择业的迷茫期，面对各种职业不知所措时，不妨使用这样一套职业测评工具来测试自己的职业兴趣，用它对应的职业来作为我们的参考。

“MBTI职业性格测试”，则是目前国际上最为流行的职业人格评估工具，理论基础是基于荣格关于心理类型的分类。MBTI人格共有四个维度，每个维度有两个方向，共计八个方面，分别是：外向和内向、感觉和直觉、思考和情感、判断和知觉。这一测试可以帮助我们测试出我们的职业人格是哪一种类型，以及我们适合做什么类型的工作。

马克思曾经在《青年在选择职业时的考虑》里展现了他少年时期便卓尔不群的见识，他的择业观不卑不亢，既有脚踏实地的踏实，又有仰望星空的情怀。我把这段话摘出来与大家共勉：**“我们的使命绝不是求得一个足以炫耀的职业，因为它不是那种使我们长期从事而始终不会感到厌倦、始终不会松动、始终不会情绪低落的职业，相反，我们很快就会觉得，我们的愿望没有得到满足，我们理想没有实现，我们就将怨天尤人。”**

职业的选择是我们人生的重大事件之一，个体心理学大师阿德勒在他的著作《超越自卑》中写道：“我们有三大人生任务亟待解决，如果都能够圆满完成，我们的人生就会有意义。我们生来就带有一种自卑感，不过这并不是坏处，这种自卑感反而会成为我们改变和提升自己的动力。”

但是我们要从哪些方面做出改变呢？这三大任务就是：职业、爱情和社会交往。事业有成、婚姻幸福又有社会地位，这不就是我们永远也比不上的隔壁家的完美孩子吗！

南风效应：
暴力从不解决问题

“南风效应”源于著名作家拉·封丹的一则寓言故事：北风和南风是对冤家，这天，无所事事的他们准备斗一斗法，看谁能把路过的行人身上穿的大衣给脱掉。

北风使足了劲，对着行人就是猛吹，顿时雪花飘飘，北风萧萧，将行人冻得瑟瑟发抖，结果行人将大衣裹得更紧了。这时，南风出马了，清风徐来，微风拂面，顿时风和日丽，行人觉得天气暖和了起来，便脱掉了大衣。见此情景，北风甘拜下风。

这则寓言给我们的启示是，暴力在多数情况下是无法很好地解决问题的，不管做事还是处理人际关系，都要讲究方式方法。这一特点被社会心理学总结为“南风效应”，也叫“温暖法则”。

有时候，温柔的力量远大于暴力，也就是我们常说的“以柔克刚”。南风效应最典型的应用在教育领域，著名教育家陶行知的“四块糖果”就是南风效应的经典应用案例。

这是陶行知在“育才学校”当校长时发生的一件事：有一个叫王友的小男孩用泥土砸了另一个同学，陶行知发现后立刻制止了他，让他放学后到校长办公室找他。放学后，王友来到了办公室，陶行知随后才到。陶行知先拿了一块糖果给他，对他说："这是奖励给你的，因为你按时到了这里，而我却迟到了。"王友疑惑地接过了糖果。随后，陶行知又拿出一块糖果，说道："这也是奖励给你的，因为你很尊重我，我不让你砸同学，你立即就住手了。"王友接过糖果，更加惊讶了。

接着，陶行知又拿出第三块糖果，说："我调查过了，那位同学欺负了女生。你砸他，说明你很正直，很善良，所以我还要奖励你。"王友感动极了，眼泪流了下来，后悔地说："陶……陶校长，你打我两下吧！我砸的不是坏人，是我自己的同学啊……"

陶行知满意地笑了笑，拿出了第四块糖果："你能正确地认识自己的错误，再奖励你一块。"说完，陶行知拍了拍王友的肩膀，送他出了办公室。

在陶行知教育王友的整个过程中，没有一句严厉的措辞，而是一步一步地循循善诱，用温和的语气和"奖励糖果"的方式让王友自己意识到自己哪里不对，但又肯定了他做得好的方面。既教育了他打人是不对的，又充分地肯定了他优秀的一面。

但是，对于家长来说，他们在遇到这样的事情时往往无法冷静，他们通常的做法是：先逮住孩子劈头盖脸地发泄自己的怒火，然后再告诫孩子不准再犯。这样的教育方式只会让孩子因为畏惧而不敢再犯同样的错误，但是他并没有因此意识到自己真正错在哪里。作为教育者自己都没有把理说清楚，而是先把脾气发在前面，又怎么能指望孩子通情明理呢？

教育孩子需要“温暖”的力量，同样的，在管理上也需要徐徐的“南风”。企业中的员工并不是没有感情的工作机器，他们有自己的语言、情绪、人际关系，等等，这些并不是通过薪水就能够解决的，而是需要在员工关怀、企业文化上做出努力。随着心理学的发展和普及，很多企业也意识到了这一问题，于是“EAP计划”应运而生。

EAP是英文Employee Assistance Program的简称，意为员工帮助计划，又叫员工心理援助项目或员工心理管理技术。这是企业为员工打造的一套心理支持系统，具有长期且福利的性质。在这个项目中，企业会请心理学领域的专业人士对整个组织进行诊断和建议，会对员工及其家属提供专业指导、培训和咨询，目的是帮助员工及其家庭成员解决各种心理和行为上的问题，让他们以更好的状态投入工作，从而提升工作效率。

EAP系统早在第二次世界大战之后就出现了，它当时面对的对象是退伍老兵，目的是帮助他们解决战争遗留下来的心理和行为问题，以更好地适应社会。直到20世纪70年代，EAP才被运用于企业中，最初的目的也是为了帮助员工解决酗酒等不良行为问题。结果，企业的工作效率因此得到了极大的提升，这一成功的运用得到了企业管理者的关注。同时，一些国家的政府也对EAP产生了兴趣，认为EAP不仅会给企业带来收益，也能够给社会带来好处，继而EAP就在政府部门、军队间得到了广泛推广。

从EAP的发展中我们可以看出，人力资源是企业最宝贵的资源，这已经成了大多数企业的共识。只有把员工当作活生生的角色，让他们在工作中得到更好的体验和满足感，才能够真正做到“人性化”管理，才是生态健康的管理。一味地压榨员工，追求产出和绩效，只会让员工越来越累，越来越丧失个性。

正如管理学家莫里斯所说：“我们要讨论的是能够使人发挥所长的环境条件，如何在组织内或整个商业活动中创造恒久的力量。”不管是“南风”还是“糖果”，它的力量，可以抵抗这世界上最困难的艰险。

拍球效应：
在压力中寻找进步的动力

所谓“拍球效应”，可能是有史以来最好解释的一个名词了：拍球时用的力气越大，球就弹得越高。这一道理不用多说，球受到压力之后就会反弹，我们人也一样，生活中免不了感受来自各处的压力，学会和压力共处，甚至利用压力为我们服务，这是我们一生的功课。

有人不禁会反问，难道就不存在没有压力的情况吗？有心理学家曾经做过这样的实验，将被试者置于一个完全没有外界压力的环境中，没有一个被试者能够坚持到实验结束。这是为什么呢？因为没有压力本身就是一种压力，叫作空虚。我们可以在空虚中坚持一天两天，但无法持续下去。

空虚感其实就是一种无意义感，是一种“有的人活着，但他已经死了”的体验。个体为了让自己的生活有意义，就会选择去做一些事情，一旦做出了行动，就会创造价值。在这个过程中，其他压力也就不可避免地随之而来了，因此绝对意义上的无压力状况是不存在的。

压力本身无所谓好坏，只是一个强度的问题。压力太小和太大都是不合适的，那么压力到底在哪个程度才可以最大化工作效率而又不影响身心健康呢？有心理学家研究出了一条压力管理曲线，横坐标是压力水平，纵坐标是工作表现。随着压力的逐渐提升，工作效率便会随之提升，但是当压力增长到一个峰值即临界点之后，压力再继续增加，工作效率反而会呈现急速下降的趋势。

每个人的抗压能力不同，所以临界点出现的位置也不一样。如果我们要做压力管理，首先就得找到自己的临界点在哪里，自己在什么程度的压力环境中工作效率最高？只有通过多次的实验才能够做到心里有数，然后才能考虑通过什么方式提高自己的抗压能力。

所谓“知己知彼，百战不殆”，既然要和压力打交道，首先要彻底地了解一下它是个什么“东西”。心理学是这样定义压力的：心理压力源和外部反应共同构成的一种认知和行为体验过程。简单来说，就是压力其实就是一种体验——我们人生中会有无数种体验，有的甜，有的苦，压力只不过是其中的一种而已。

从这个定义中就可以看出，压力是由两个部分组成的：压力源和外部反应，缺一不可，我们分别来说。

压力源即压力的源头，心理学家将压力源分为三大类：生物性压力源、精神性压力源和社会环境性压力源。生物性压力源和我们的生理需求有关，比如饥饿、寒冷、病痛、性剥夺，这些压力源会影响到我们能不能正常生存下去。精神性压力源影响的是我们的精神健康，比如错误的认知和经验、内心的道德冲突和不良的个性特点等，这些压力会让我们陷入纠结、痛苦，严重时甚至会发生心理障碍。

前两种主要源于个体自身，社会环境性压力源则是社会环境造成的，比如社会重大变革、在社会交往中的人际关系问题等。我们融入社会成为“社会人”是成长过程中的一个重要环节，可以叫作个体社会化。在这一环节，我们要接纳社会，也要让社会接纳我们，而社会又是一个无比复杂的整体，带来的压力也是巨大的。这三种压力源可能会同时出现，生理性和社会环境性压力源比较显性，但是精神性压力源往往比较隐性，难以发现。

压力源是压力产生的必要条件，没有压力源就没有压力。但是只有压力源还不够，这些压力源必须为我们所感知与体验到，然后才会产生外部反应，这才会产生压力。也就是说，如果一个压力源无法被人们感受到，那它就不会成为压力。这和压力源的强度以及我们个体的感受能力息息相关。如此，我们也就能够理解，为什么面对同样的压力源，有的人感觉压力很大——是因为他更加“敏感”，感受能力更强，所以他的情绪反弹就更激烈。

心理学上所说的压力是我们能够感知和体验到的压力，即人内心的冲突及其伴随的情绪体验，一般是消极情绪。心理学家们将内心冲突大致分为了四类：双趋冲突，即两个同样具有吸引力、都想达到的目标，但我们只能单向选择其中一个，进而，未选择的目的与选择的目的便在内心产生了严重冲突，这有点像我们常说的“鱼和熊掌不可兼得”；双避冲突，即两个同样让人讨厌、想要避开的事情，但我们只能避开一个而产生的心理冲突，这类冲突比双趋冲突更为尖锐，伤害性也更大；趋避冲突，即对同一个目标既想达到又想避开，因为这个目标有吸引力，但又需要我们冒一定的风险或做出牺牲，这是最常见的一种内心冲突；

最后一种是多重冲突，即遇到不止一种冲突的情况，也是最难取舍的一种情况。

从压力源出现，再到我们体验到内心冲突，然后给出反应，这就是压力产生的一个完整闭环。

机体对压力的反应阶段结束之后，就到了机体处理压力的时候了。压力大的话，减轻压力源就可以了，因此，处理压力问题其实就是处理压力源的问题。如果我们的反应过于强烈，直至超过我们自身的承受能力，就可能会影响到我们的身心健康。

人的机体中有一套完整的中介系统是用来调节压力强度和性质的，这个中介系统由三个子系统组成：认知系统，能够帮助我们评估压力的强度和性质，让我们正确地看待我们所面临压力的“实力”，从而为我们控制自己的行为提供参考；社会支持系统，我们不是一个人面临压力，我们有亲人、朋友，以及其他一切我们信任的人，他们可以为我们提供有效缓解压力的环境。特殊情况下，个体处理压力的能力并不强，特别是孩子们，但他们的家人却可以做他们强大的后盾；最后一个就是我们人体自身的“免疫系统”，机体会在一定程度上保护自己，这是我们的本能。

如果中介系统在强大的压力下失效了，压力持续时间过长或者所造成的影响很严重，我们还有最后一个方式可以自救，那就是心理医生。心理医生更应当叫作心理咨询师，专为我们处理一些我们自己无法处理的心理问题。相信专业的人做专业的事，学会求助并不可怜，也不可耻。

在这篇文章中，我们只是简单介绍了压力到底是怎么回事，具体如何应对，可以参考“拍球效应”所讲到的内容。最好的应对方式当然是迎压力而上，压力有多大，战斗力就有多强。但是，当抗压能力没有那么强，或者压力过大的时候，向专业心理咨询师求助就显得格外重要了。

情绪效应：
“微笑服务” 有什么好处？

“情绪效应”又叫情感效应，是指人的情绪状态可以影响到对个人今后的评价。就像古希腊哲学家德谟克利特，因为他总是笑脸迎人，所以笑脸就成了他的标志，人们便亲切地叫他“笑脸哲学家”。

在与他人相处的过程中，一个人的情绪也很容易传染给另一个人，如果我们很快乐，那么对方也能被我们的快乐所感染，相反，如果我们不开心，对方也会因此而感到不快。

为什么德谟克利特会受到人们的喜爱？就是因为他的笑脸把快乐传递给了每一个人。俗话说“伸手不打笑脸人”，如果我们想给他人留下一个好印象，或者是和他人建立良好的人际关系，就需要我们注意表露出来的情绪，这也是为什么很多服务行业都强调要“微笑服务”的原因。

情绪为什么会有这么强大的力量呢？我们首先来了解一下情绪。心理学上有一门专门的分支来研究情绪，叫作情绪心理学。不同的心理学家给情绪下过不同的定义，但公认的情绪是由三个部分构成的：主观体验、生理唤醒和外部行为。

主观体验，就是我们的感受，每种情绪都有不同的主观体验，我们也都会有不同的感受，比如快乐或是悲伤。美国加州大学旧金山分校的心理学家保罗·艾克曼经过研究，发现人类具有四种基本情绪，分别是喜、怒、哀、惧，即快乐、愤怒、哀伤和恐惧。也就是说，即便我们和外国人素昧平生，语言不通，但我们的快乐是可以互相理解、互相感染的。

生理唤醒，指的是情绪产生的生理反应，它涉及的是我们的神经系统。不同情绪造成的生理唤醒也是不一样的，开心时心跳正常，但是生气时心跳会加速、血压会升高、呼吸的频率也会增加，等等；

外部表现，就是我们的表情，表情并不指单纯的面部表情，还包括姿态表情和语调表情，分别是我们的肢体动作和姿势、声音的音调、节奏和速度等。例如，我们开心时的微笑、眼睛变弯；我们愤怒时的摩拳擦掌、大声怒吼；我们痛苦时的声音低沉、语速缓慢……这些都是外部表现。

除了说到的基本情绪，我们把所有情绪来做个分类，可以简单地分为积极情绪和消极情绪：积极情绪有快乐、兴奋、惊喜、乐观；消极情绪有愤怒、哀伤、恐惧、厌恶、轻蔑、嫉妒、焦虑、暴躁、胆怯、害羞、紧张、压抑、寂寞、消沉……我们会发现，消极情绪占了大多数，而积极情绪却并不多。

再举两个消极情绪的例子：

古代阿拉伯著名学者阿维森纳曾经做过这样一个实验：将两只双胞胎羊宝宝放在不同环境下生活。一只羊跟着其他的小羊一起吃草玩耍，另一只羊的旁边则拴着一只虎视眈眈的狼——这只羊一直生活在狼的恐惧下，东西也吃不下，没过多久就死了。

现代心理学家也做过类似的实验，他们将一只饥饿的狗关在笼子里，然后让笼子外面的狗当着它的面吃东西，它只能眼巴巴地看着，但是吃不到，于是笼子里的狗陷入了嫉妒、愤怒和暴躁交织而成的消极情绪当中，产生了种种心理问题。

这些实验都证明了：消极情绪对我们的身心是有害的。但是，为什么我们的消极情绪却远多于积极情绪呢？

这就要说到情绪的功能了：

首先，情绪是我们生存必须具备的能力，也可以说是一种本能。在我们还是婴儿的时候，还不会用语言来表达我们的需求，只能通过情绪来向大人传递信息。积极情绪可以表现我们的满足，但是在绝大多数情况下我们都是有需求的，所以我们会用各种消极情绪，比如生气、难受等来告诉大人：这个不好吃，我要睡觉了，我不要和你玩……这些消极情绪正是帮助我们生存和适应环境的重要方式。

千万不要认为乖巧安静、什么都不说的孩子就好，相反，那些“很难带”，总是有各种情绪的孩子才会更好地表达自己的诉求，更好地适应环境。长大后，我们也要用情绪来适应社会、处理人际关系，得到更好的生存和发展，这是情绪的第一个重要功能，那就是适应功能。

其次，情绪还有动机功能，大部分人可能会忽略这一点，情绪其实是动机的源泉之一。它可以激励我们的活动水平、提高我们的活动效率，比如，适当的兴奋可以让我们在比赛中得到更好的发挥，适度的紧张和焦虑能让我们取得更好的成绩，等等。

最后，情绪还有组织功能和社会功能，前者是指情绪对我们其他的心理活动有组织的作用，积极的情绪可以让其他心理活动更好，消极情绪可以破坏和消解其他心理活动；后者是指情绪的外部表现有社交功能，可以在人与人之间传递消息、沟通想法。

情绪就是如此，它是我们与生俱来的能力。当然，消极情绪也会给我们带来各种麻烦。有一个衡量情商高低的重要标准是，能否准确地识别他人的情绪和调节自己的情绪。当然，这都不容易做到，但我们至少要对情绪有一个客观的认识，知道情绪对人的影响。

为了我们自己的身心健康，也为了他人和我们相处得更加愉快，我们应该尽量多一些积极情绪，少一些消极情绪。

社会惰化效应：
你在拔河的时候偷过懒吗？

我们先从一个集体拔河的实验说起。这个实验是由德国心理学家马克斯·瑞格曼做的，他要求被试者们分别在单独一个人和在群体这两种情境下拔河，并用特殊的仪器来测量他们的拉力——当然，他们自己并不知道。结果发现，随着被试者群体人数的增加，每个人使出的力气却减少了。单独一个人时平均出力63公斤；三个人的群体时，每个人平均出力是53.5公斤；八个人时就只有31公斤了。

这种共同完成一项任务，人越多但每个人出力却越少的现象，便被称为“社会惰化效应”，也叫“社会懈怠效应”。

大家都会觉得人多力量大，但人多了反而会给人们的偷懒行为找到了借口和掩护。可是，这些人为什么要偷懒呢？心理学家给出了几种解释：

第一是不公平感，它有两种来源：一种是安排上的问题，在安排集体完成同一个任务的时候，没有给每个人公平合理的分工，所以让人觉得别人做得比自己少，为了减少这种不公平感，便会少出力；一种是回报上的问题，人们觉得自己的回报和付出不符，或者认为自己和别人做的一样多，但自己拿到的却比别人少，这种心理上的不平衡感会让他用偷懒的方式来对抗；

第二是责任分散，这一点我们在旁观者效应中提到过——由于人数的增加，责任分散到每个人头上也会更少。再加上群体的“匿名性”特点——大家的身份都是一样的，都是群体中的个体而已。由于是由大家一起完成同一个目标，目标达成了，功劳是大家一起分的，就算自己多出一分力也不会多得好处；反之，目标达不成的话，责任也是一起承担的，就算自己偷懒，也有别人替我们分担后果。

综上，有时候便会出现人多了反而事情办不好的现象，结果是互相推诿、集体担责，也没有办法追究某一个人的责任，只能不了了之。

社会惰化效应是对团队协作的一种毒害，要想避免这种效应，管理者应该做到这样几点：

第一，不仅要树立团队的整体目标，还要给都定一个目标，明确每个人的目标就是为了明确每个人的责任，这样大家才会尽心尽力，不敢掉以轻心——以前偷偷懒没人知道，但是现在大家都能看得清清楚楚。

第二，在安排任务的时候要做到公平公正，不公平感不仅会打击成员的积极性，也会击溃团队的凝聚力和战斗力，所以要安排好符合每个人能力的任务，也要让每个人得到相应的回报。

第三，既然是一个团队，不是散兵游勇，在很多事情上就需要相互配合才能完成。在此过程中，自然少不了沟通和协作，管理者要重视沟通的作用，提供交流的机会和条件，让员工们在互相信任的环境下自由地沟通交流。

不过，我们也不要对集体产生负面印象，并不是说集体就一定会出现社会惰化效应。与此相反，还有一个现象叫作“社会助长效应”，这又是怎么回事呢？

1897年，社会心理学家特瑞·普利特做了一个著名的实验，他发现一个人在单独骑单车的时候是24公里/每小时，如果旁边有人在跑步，他能达到31公里/每小时；当他与其他人比赛骑单车的话，能达到32.5公里/每小时。

据此，特瑞·普利特便提出了社会助长效应：当个体在进行作业时，如果有他人在场或者与他人一同进行作业，那么个体的作业效率就会得到提升，这一理论也叫社会促进作用。

另一位著名的社会心理学家解释了这一促进作用的原因：

第一，当他人和我们一起工作的时候，我们会被他人注意到，我们会在意自己在别人眼中的表现，即增强个人被他人评价的意识。例如，当父母看着我们做作业的时候，我们是不是就不敢打瞌睡了？反而会感到紧张、有压力，兴奋水平升高，作业完成的效率就会得到提升？

第二，和他人一起工作时，会增加互相模仿和竞争的动机。这在健身房里很常见：和其他人在并排的跑步机上跑步时，别人比我们坚持得久，那我们自然不能输给他，甚至下次还要超过他。但是如果整排跑步机就只有一个人，那就不会有这种心理了。

第三，和其他人在一起时，会减少工作的单调和孤独感，这两者都会造成心理疲劳，但如果我们旁边有个人，在工作之余可以聊聊天、谈谈笑，劳逸结合，缓解工作的疲劳和压力，工作效率自然会得到提升。

综合上述内容，社会助长和社会惰化不就自相矛盾了吗？拉琼克和卡特莱尔设计了一个实验来弄清楚这一问题，他们让被试者们在独自一人和群体两种情境中学习单词配对。配对的单词有两类，一类是同义词，学习起来非常容易，另一类是毫无关系的单词，学习起来非常难。

结果发现，在容易的任务中，群体有明显的社会助长作用；而在困难的任务上，群体却会带来干扰，成绩反而不如独自一人时的情况。于是，拉琼克对这两种效应做出了解释。他认为，他人在场可以提高人的一般动机水平，增强优势反应。因为人们更喜欢做简单而熟悉的任务，所以他人在场时便加强了这种反应，进而提高了行为效率。但是当遇到复杂、棘手、生疏的任务时，人们更容易做错，所以不正确的反应占据优势，他人在场强化的是不正确的反应，会妨碍任务的完成。

所以，不能只是单纯地考虑群体人数这一个因素来安排任务、设置环境，而是应该综合考虑任务的内容、性质和难度来安排工作，增强社会助长效应，避免社会惰化效应。

美女效应：
爱美是天性，不随意志转变

“美女效应”源于一个罗马故事：一个酒吧老板突发奇想，找来一位美丽的姑娘负责收银，其他什么也不用做。没想到这一做法效果出奇的好，但是姑娘却不乐意了。有一天她向老板反映说：“我觉得我不如以前漂亮了。”老板很奇怪，问她为什么。她说：“那些顾客买单后一直不走，就在柜台反复地数我找给他们的零钱。”其实，这位姑娘并没有意识到，正是她的魅力使得顾客们久久不愿离去，潜在地为酒吧带来了一波又一波生意。

美女效应是商家们最喜欢用的营销手段之一，因为美女最显著的作用就是吸引眼球，将人群吸引过来就等于吸引了大量的潜在客户；另一方面，美女与其他所有的美好事物一样，让人看了心情愉快，对于提升客户的满意度是有显著效果的。

这是一个显而易见的心理学原理——我们天生会对美好的事物产生好感，对长得好看的人同样如此。事实上，我们都是“外貌协会”会员，这一点是所有人类的共识。但是，这并不妨碍我们对内在品质的追求，但事实上我们会更欣赏那些好看的人。

精明的商人抓住了这一点，并且加以广泛利用。且不说化妆品、护肤品、服饰这些本来就重视外貌的行业，商场、酒店、餐厅的迎宾也大都是年轻貌美的女子，就连公司前台都需要形象大方、有气质的女子。

另一个最明显的例子——车模。车模大多都是有颜值、有身材的女孩，大大小小的车展上，总会出现这些靓丽女孩的身影，这其实是商家的心机。美国的一家汽车公司曾经专门研究过车模对汽车销量的影响，经过调查发现，如果只有车而没有车模，顾客平均观看的时间只有2分钟；而在有车模的情况下，顾客平均观看的时间则会达到9分钟，整整多出来7分钟的时间。

而这7分钟的时间，已经足够商家派出训练有素的销售人员进行基本情况介绍了，要知道人的大脑做出买车的决定往往只需要几秒钟，所以才会有汽车销售商不惜重金邀请靓丽的车模参加车展，因为和汽车销量相比，聘请车模的花费并不多。

我们从进化心理学的角度来分析一下这个原理，为什么我们会如此看重外表？难道真的是存在即合理，我们的天性就是如此吗？其实，我们要区分男女看待这一问题的差别，有句话是这样说的："男性是视觉动物，女性是听觉动物。"也就是说在"看脸"这方面，男性较女性来说更为严重一些。

男性读者读到这里肯定不乐意了，那我们就从进化心理学的角度来看待这个问题：人的一切行为都是为了生存和繁衍，生存主要是保持自己的生命得以存续。说白了就是衣食住行，当然还需要对抗外来侵袭，而繁衍就是为了让自己的生命得以延续，人类在得知自己无法永生的情况下，就通过生殖和哺育后代来达到延续生命的目的。

听起来非常直白且容易理解，这就是进化心理学的特点。哈佛大学知名心理学家斯蒂芬·平克教授曾下过这样的结论：“在对人的研究中，如果想要对人类某些主要领域——比如美、母性、亲属关系、道德、合作、性行为、攻击性——进行解释，那么只有进化心理学才能提供比较连贯的理论。”

为什么说男性是“视觉动物”呢？当然不是说男性比女性肤浅，只知道看脸，这根本不是一回事。在远古时期，男性由于天生的体力优势，主要从事的工作是在外狩猎，为了能够跟踪和捕捉到快速移动的猎物，对男性视力的要求自然就会变高。根据达尔文用进废退的进化论原理，那些视力更好的男性才更有可能生存下来且生存得更好，长此以往，男性就习惯用视觉对事物进行初级筛选了。

那么女性为什么是“听觉动物”呢？难道女性要靠声音来辨别猎物吗？当然不是，在身强力壮的男性去狩猎的时候，守护家园和照顾后代自然就成了女性的主要责任。尽管古人会选择相对安全的居住地，但是也不能完全保证不受野兽的侵袭，所以负责照顾后代和守护家园的女性对听力的要求就会增加。只有听觉敏锐的女性才可以更好地察觉到危险的临近，并及时逃离。同样，在适者生存的原则下，女性也就变得更习惯用听觉对事物进行初级筛选。

可想而知，男性对车模的兴趣绝对大于女性对车模的兴趣，这7分钟的时间绝大部分是由男性贡献的。另外，男性较为喜欢年轻漂亮的女性，也可以从繁衍的角度来解释。

这当然不是说男性就喜欢和年轻漂亮的女性结婚生子。回到遥远的古代，男性通常会如何选择配偶呢？首先要年轻，因为年轻女性大都身体健康，生育能力强，而且可以生很多，20岁的女性就比40岁的女性多出了20年的生育年龄。然后要看身材，胸大的女性哺乳能力更强，女性的腰臀比能够展现更好的生育能力，因为腰臀比好的女性难产的可能性更小。还有同样重要的是脸，长得好看意味着有更好的基因可以传给下一代。

我们会发现，尽管到了现代社会，男性在选择婚恋对象的时候，也会对这些方面进行考虑，而且还增加了更多的考虑因素。不过男性对年轻好看的女性天生就有好感，这是毋庸置疑的。

那么，女性通常会喜欢什么样的男性呢？女性与男性不同，她们的繁殖倾向重点在哺育后代上。选择和一个什么样的男性结合，才可以让自己的后代得到更好的养育呢？显而易见的一个条件就是物质资源，在今天来说就是经济实力——没有足够的资源，只能面临被淘汰的命运。

这套“男财女貌”的理论是不是听起来很有道理？不过我也不得不泼一盆冷水：进化心理学尽管理论完备，逻辑缜密，但是却无法通过实验和数据来验证其真实性。因为我们无法重复一次人类的演化过程，我们只能够通过历史资料和逻辑来推导解释，理论性有余，但其科学性却不足，无法提供足够的实验证据。况且现代社会与远古时期早已不同，女性的能力和地位日渐提升，甚至反超男性，很多前提已经站不住脚了，结论又岂可轻信？

所以，我们只把进化心理学当作用来解释现象的理论即可，不能把它拿来作为指导日常生活的根本真理。如果读者对进化心理学感兴趣，我强烈推荐巴斯的经典著作《进化心理学》，里面有更多的奥秘等待你的探索和发掘。

大多数人会觉得，某个人重视外在形象的塑造与管理是一种肤浅的表现，但我却不这样认为，诚然，内在美很重要，但我们也无法否认外在形象对一个人的加持——外在形象的塑造与管理，无疑有利于个人在社会生活中的成长。

狮羊效应：
好领导胜过好工作

“狮羊效应”是一个以动物命名的效应，源于拿破仑的一句话：“一头狮子带领九十九只绵羊，可以打败一只绵羊带领的九十九头狮子。”该效应强调了团队领导的重要性。

作为现代社会中的职场人，我们可以不做管理者，但我们不能不懂管理；我们可以不做领导，但不能不了解领导。领导，作为团队的中流砥柱，其重要性是不言而喻的。更何况拿破仑身经百战，他说出这句话一定有他的道理。“火车跑得快，全靠车头带”，这里的“车头”早就引起了一大批心理学家的注意。

我们所说的领导其实是领导者，领导是一种行为和影响力，这种行为和影响力可以引导和激励员工去实现组织的目标，领导者就是具备这些行为和影响力的人。领导并不等于管理，领导者也并非就是管理者。领导侧重决策，统筹全局，面向未来，管理则侧重执行决策，调配资源，关注工作的落实，达成组织的目标。“狮羊效应”说的是领导者，千万不要和管理者混淆了。

最经典的领导风格理论莫过于勒温的三类型理论，勒温是德裔美国心理学家，常被称为“社会心理学之父”。他和同事们提出了三种领导风格：专制型、民主型和放任型。

我们分别从几个方面来比较一下这三种风格：

从权力分配上来说，专制型就像古代君王，集权力于一人之手；民主型与之相反，权力在群体成员手中；放任型的权力则是分散的，没有规律可循；

从决策方式上来说，专制型领导专断独裁，所有决定一个人做出，不需要他人的意见，民主型则需要集体讨论做出，领导只是一个指导和协助的角色，放任型领导则会让员工们自己做决定，领导不参与。

从影响力上来说，专制型是独裁者，用自身的地位和权力来影响员工，民主型则不一样，用自己的能力、品质等个人魅力来影响员工，而员工往往也愿意被影响，放任型领导对员工几乎没有影响力。

从领导和员工关系上来说，专制型会对员工的工作加以干预，不让员工参与工作的全过程和最终目标，民主型则会给予员工充分的自由，让员工充分发挥自己的能力，不过多干预，放任型则只是提供信息和解答问题，工作上的事情会全权交给员工完成。

从对员工的管理上来说，专制型会按照个人的情感来评价员工的工作，喜欢采取惩罚式的反馈方式，民主型则会根据客观事实来对员工做出评价，恰当地使用反馈的方式来帮助员工得到成长，放任型不会对员工的工作进行评价和反馈。

这三种领导风格应用十分广泛，不管是国家、军队，还是公司、组织，都能适用。就如同狮子和羊会给团队带来截然不同的结果一样，这三种领导风格也会造成三种不同的工作效率和团队氛围。专制型领导专注于工作的目标，员工只是用来达成目标的工具，他们只关心工作的任务和效率，并不关心员工。员工只是被动地接受工作的安排，缺少团队凝聚力和创造力。民主型领导注重员工的想法和需要，会对成员的工作进行鼓励和协助，所以团队相处得比较融洽，工作效率也比较高。放任型领导对工作和成员都不怎么关心，置身于团队之外，只起到一个被动服务的作用，工作效率和氛围都很差。

到目前为止，我们可以肯定的是，放任型的领导风格肯定是不可取的。但是专制型和民主型哪种更有效呢？勒温通过实验来研究这一点，他们首先把被试者们训练成为不同风格的领导者，然后安排这些被试者担任青少年兴趣活动小组的领导，让被试者领导兴趣小组完成手工任务，结果发现放任型小组的绩效低于其他两组，专制型和民主型在数量上差不多，但是民主型小组在质量和满意度上高于专制型。

根据这一结果，似乎可以认为民主型领导风格是最好的。但随着研究的深入发现，结论并非这么简单。有时候，民主型领导的绩效会高于专制型，但有的时候也会低于或等同于专制型，但在满意度上一直是民主型高于专制型的。所以，在领导风格的选择上，我们要考虑不同的目标和情境来决定。

在实际生活中，领导者并非都是风格迥异的三种方式，而是两种或者三种的混合型。所以后来的研究者提出了更多种的领导风格理论，比如坦南鲍姆和施密特的连续统一体理论，菲德勒的权变模型，赫塞和布兰查德的情景理论，豪斯的路径目标理论，还有弗洛姆和杰戈的领导者参与模型等。

随着时代的发展，很多新式的领导风格也开始出现，比如伯恩斯提出的变革型领导，韦伯提出的魅力型领导理论等，但由于篇幅有限，本书就不做过多延伸，感兴趣的读者可以在与管理心理学相关的书中寻找答案。

食盐效应：
被异化了的“好动机”

食盐是做菜必不可少的调料，少了它佳肴就不会那么美味，但一旦放多了，就会让人难以下咽——这就是“食盐效应”，再好的东西也需要适量，否则过犹不及，反遭其害。

我们之前提到的压力就是如此，压力本身并无好坏之分，带着一点儿压力可以增加兴奋水平，提升工作效率，但是压力过大，就会造成工作效率降低。

其实，在教育学中，这是一个学习动机的问题。曾经有人说过：“兴趣是最好的老师。”爱因斯坦也说：“情感和愿望是人类一切努力和创造力背后的动力。”所以让孩子主动产生内在学习动机是非常重要的，即让他们“为自己而学”。

有一个关于内在动机的经典例子：一群孩子总是在一位老人的家门口玩闹，整天叽叽喳喳的，吵得一旁的老人不得安宁。后来，这个老人实在难以忍受，就想了一个办法来对付这群顽童。第一天，他出来给了每个孩子25美分，并对他们说：“多亏了你们让我家门口这么热闹，让我觉得很开心，所以这点钱奖励给你们，以表达我的感谢之情。”孩子们很开心，第二天又来了，老人再次出来，但是只给了每个孩子15美分，他解释说："我是一个退休的老人，没有收入，所以只能少给你们一点儿了。"不过15美分也让孩子们很开心了，孩子们第三天仍然兴高采烈地来玩，但是这一天他们每个人只拿到了5美分，孩子们就不开心了："一天才5美分，谁还要在你这玩！"于是孩子们就生气地走了，再也不来了，老人的目的达到了。这位老人深刻地洞悉了动机心理，巧妙地用了一个技巧将孩子的内在动机转化成了外在动机，并一步步地将外在动机消除，最终达到了目的。

这个故事启示我们可以用同样的原理来提高孩子的内在学习动机，但是家长们又会陷入另一个误区，就是越刻苦越好。殊不知，动机也需要适度，有一个专门的原理就是动机适度定律，不仅是学习这件事，在工作、运动，甚至谈恋爱中都用得上。不过在处理感情问题时，更重要的是把握人际距离的适度。

人际距离即人际交往距离，并不仅仅指空间上的远近，更多的是指心理上的亲疏。霍尔认为，由于人和人之间的关系不同，人际距离也就会不同。他指出，在人群中存在四种人际距离：第一种是亲密距离，存在于亲密关系之间，仅指父母与子女之间以及伴侣之间；第二种是个人距离，存在于朋友和熟人之间；第三种是社会距离，即一般认识的人之间，比个人距离要疏远一层，人们大多数交往都处在这一距离中；第四种是公共距离，主要是陌生人之间以及上下级之间的关系距离。人际距离也有文化上的意义，因为不同地方的人对距离的理解不一样，有的国家喜欢保持更远的距离，以表示礼貌和尊重，但有的国家喜欢更亲近一些，来表示友好。

每一种人际距离都有其相应的物理距离，亲密距离为0–45厘米，个人距离在45厘米–120厘米，社会距离在120厘米–360厘米，公共距离大于360厘米。可我们平常是不会带着尺子去和别人交往的，就算物理距离容易把握，但是言语上的分寸也要拿捏到位。

就像我们和上级之间的关系，在霍尔的定义中，它是和陌生人一样的社会距离，我们如果把它错当成了像朋友一样的个人距离，和上级称兄道弟，那就不好收场了。如果我们已经有了伴侣，处在亲密关系中时，和其他人最多也只能是个人距离，如果越了界，那就会引起伴侣的误会；反之，要是和伴侣相处时，仅仅保持个人距离，甚至社会距离，又会造成难以避免的感情问题。

在人际距离上，适度的分寸异常重要。食盐虽好，加多加少都不能可口。不过每个人的人际距离都是不一样的，我们觉得亲密的距离，别人不一定觉得一样亲密，也许我们已经把别人当成了朋友，但别人只认为是点头之交；也许我们已经把对方当成了亲人，但对方只是觉得我们是一个普通朋友而已。在不确定与他人的人际距离时，保持稍微远一些的关系是比较合适的，除了保护自己，这也是尊重他人的表现。

视网膜效应：
我们都有“有色眼镜”

在一篇名为《视网膜效应》的文章，作者写到了自己的一段经历：有一次，他想买一辆墨绿色的轿车。因为大多数人都会买黑色或者白色的车，他就特地选了一个与众不同的颜色。结果，买回来之后，他却惊讶地发现——经常能见到墨绿色的轿车。

这让他觉得很奇怪，便问身边的一位女同事会不会经常看见墨绿色轿车，这位女同事正好怀孕，她说：“我可不会经常见到什么墨绿色的车，反倒是经常见到孕妇，上哪儿都能见到。”后来，作者才明白这就是“视网膜效应”——当我们拥有某个特征时，我们会比别人更容易注意到外界和我们有同样特征的事物。

这是怎么回事，为什么我们的视网膜就像加了自动过滤功能？从心理学上可以找到两种解释。第一种叫作证实偏见，既然是偏见，就意味着并不是一个准确的看法，人们普遍喜欢接受能够验证假设的信息，而不是否定假设的信息，即大家喜欢证真而不是证伪。当我们在主观上支持某种观点的时候，往往会倾向于寻找那些能够支持我们观点的信息，对那些可能推翻我们原本观点的信息就会自动忽略。

就像前文的那位买车人，支持他买墨绿色轿车的这一观点，后来会在无意中加深他去注意墨绿色轿车的存在，即觉得许多人都买了墨绿色轿车。这一过程完全是在无意识中进行的，并不是有意为之。或者，如果我们讨厌某个人，就会自动搜索讨厌他的证据。虽然证实不一定就是错，但是这种“自动过滤”功能必然会让我们在无意中忽略掉一些其他信息，干扰我们全面、客观地看待外界。

很多认知也是源于此，最典型的就是星座运势了。当运势显示这周有桃花运时，你走在大街上时就会觉得有异性在关注自己；有异性和自己交流时，会感觉对方对自己有意思；万一真的碰上了有缘人，就更加深信不疑了。但实际上，这只是我们的证实偏见在作怪而已。

不过星座运势还有一种解释，虽然和本章内容无关，但也有相似之处，那就是自证预言。顾名思义，自证预言就是自己会不自觉地按照已知的预言来行事，最终使得预言发生，反而还对预言深信不疑，以为是预言实现了。比如，处女座的性格总是被描述成难以相处、有强迫症等，结果处女座的人就放任自己挑刺、任性、不管别人的感受，因为这才符合处女座的“人设”。

另外一种情况出现在学生身上，他们认为自己不是读书的材料，于是放纵自己上课不认真听、作业也不写，等到成绩一团糟，便验证了自己读书不行的预言。

1979年，明尼苏达大学的马克和南希做过一项实验，他们找来一批被试者，实验任务是读书，书的内容是一个叫简的女人在一周内的生活。当然，这段故事完全是实验者虚构的，在这一周里，简时而外向，时而内向。在被试者们读完书之后，实验者将他们分为两组，让他们对简这个人做一些判断。一组的问题是，简适不适合做一名图书管理员；另一组的问题是，简适不适合做房地产中介。

结果，第一组回忆出来的内容是，简又安静又内向，性格正好胜任图书管理员；第二组正好相反，他们认为简性格开朗外向，做房地产经纪人正好合适。随后，实验者分别询问他们，简是否适合做其他工作？结果都得到了否定的答案。

这个实验结果告诉我们，除了我们的日常看法，就连储存在我们脑海中的记忆，也会受到证实偏见的影响。我们会自动留下那些支持我们观点的记忆，那些推翻观点的记忆就会被我们忘掉，同样也是在无意识中进行的。所以，我们的记忆有时候并不可靠，即便是亲眼所见的事实，也会受到自我意识的干扰。

这就启示我们，法庭上证人的话只能够作为参考，并不能全凭此来判断。这与作伪证是两回事，因为证人看到的的确是事实，说出来的也确实是记忆中的事，只不过他也不知道说出来的并不一定是真的。

视网膜效应的第二种解释，叫作易得性直觉。当我们遭遇突发情况，不知道怎么办的时候，就会用直觉来决策，这也是我们在漫长进化中遗传下来的一种心理机制，能够快速地帮助我们解决问题，尽管办法不一定完美，但总比手足无措要好。易得性直觉就是经常被我们使用的一种直觉，指的是我们会依据某件事情是否容易被想起来判断这件事发生的概率，即某件事容易被想到，我们就会认为这件事更容易发生。

大部分情况下，这种直觉是对的，比如说听到天上打雷了，第一反应肯定是要下雨了，那我们就会采取措施来避雨；看到有人无故倒下了，想到的第一件事就是生病，那我们就会叫救护车送病人去医院。这类事件之所以用易得性直觉来判断是正确的，是因为这些事情大部分都是常识性的，但如果遇到不太常见的事情，我们依然用它来判断就会出错。

就像上文那位怀孕的女同事，走到哪里都会看到怀孕的人，其实是因为怀孕是她第一时间想到的事，这是她的直觉，让她觉得有很多人和她一样是孕妇。更典型的一个例子是飞机的失事概率，尽管飞机的失事概率比中五百万彩票还要小，但大家坐飞机时却比坐车时还要担心，就是因为大家更加容易想起飞机失事的事件，而每年的车祸数不胜数，要想起具体哪一件是不容易的事，所以才会造成这样的误判。

对于视网膜效应的两种解释都能说得通，心理学上的原理也并非都能确定到某一个具体答案。

名片效应：
完美标签，为职业赋能

一张小小的名片，很不起眼，但是在日常生活中，我们用好了这张小卡片，便会在人际关系中如鱼得水。名片是一张写有个人主要信息，用于向别人介绍自己，主动展示给对方的一张卡片。名片表面上的功能是留给别人的一个联系方式，但实际上它最重要的功能是让别人快速地认识自己。

要想让别人接纳自己，坦露自己的一些个人信息就是一个很好的方式。例如，心理咨询师在和来访者进行沟通时，为了让来访者更加亲近和信任自己，会采取自我坦露的方式，主动袒露自己的真实想法和经历，这样会在无形中拉近与来访者之间的心理距离。

用到社交场合也是如此，曾经有记者采访世界垒球王史蒂夫·加夫，并当着众人的面问了他一个让人觉得很难堪的问题：“你哭过吗？”这个问题涉及个人隐私，如何回答才能既不让对方感到尴尬，也能维护自己世界球王的权威形象呢？

史蒂夫·加夫采取的方式就是自我坦露：“哭过。我觉得在某种场合掉眼泪会更像一个男子汉，因为这表现了你是个实实在在的人。”他准确地抓住了“男子汉”这个微妙的矛盾点，因为记者的这个问题就是针对男性气质来的。如果在此时回答从来没有哭过，固然可以维护硬汉的形象，但会让人觉得虚伪，所以不如诚实地回答哭过，但是哭过并不代表不是硬汉，相反有时候更有男子汉气概，这并不奇怪。

这个例子恰好能说明名片效应的本质，这是由前苏联心理学家纳季拉什维利提出的：在人际交往中，如果我们能够主动地表明自己与他人相同的态度和价值观，便会让对方感觉到我们和他之间有更多的相似性，从而缩小彼此间的心理距离，让对方更愿意与我们亲近。这个效应对处理人际关系有很大的实用价值。

那么，我们如何才能表明与他人有更多的相似之处呢？一个笨办法就是尽量多地将我们的信息坦露给对方，总有一个信息能碰巧和对方一样。

社会心理学家曾做过两个相应的实验来验证这一原理。第一个实验是这样设计的，首先让被试者们看很多人的照片，但不同人的照片被观看次数是不一致的。有的照片可能只被看了一两次，有的可能达到二三十次。然后询问被试者们他们比较喜欢哪个人？结果被试者们都会选择出现次数最多的那个人。

第二个实验是让一些被试者品尝几种饮料，与此同时，让他们从一个房间转移到另一个房间。转移的过程中，我们的实验助手出现了，他们扮演的是“路人”甲乙丙丁。当然，实验中不允许和“路人”交谈或者其他交流行为，但是这些“路人”露面的次数是有多有少的，同上个实验中照片被观看的次数类似。然后，实验者同样询问被试者比较喜欢哪一个“路人”。结果也同上一个实验一致，大家都喜欢露面次数多的，露面次数越多，喜欢的程度也就越高。

这两个实验说明了一个这样的基本原理：我们会对出现次数更多的人产生好感，即在我们面前出现次数越多的人，我们对其产生的印象就越深，这与名片效应在很大程度上不谋而合。

当然，在使用名片效应时也需要注意一定的技巧。并不是说向一个陌生人更多地展示自己，就可以让对方喜欢上自己。而是在准备“展示名片”之前，要先观察和捕捉对方的特点和想法，找到对方与自己能够相通的地方，比如共同的兴趣爱好、相似的人生经历，然后再让对方主动、积极地提及。如果这些比较难的话，共同的家乡、星座等也是能够引起共鸣的话题。当然，这些只是通过一些相似之处打开交流的突破口，之后如何进一步深入地交流和发展，就要看人际交往的能力如何了，不是一个技巧就可以解决全部沟通问题的。

为自己准备展示的名片时，也需要注意不要一味地迎合对方的口味、观点等，这会让对方在对你产生好感之前，察觉出你的意图。要知道，名片效应的内涵中最重要的一点就是真实性，如果对方发现你是为了接近对方或者其他某个目的的话，那么不管你与对方有多么相似，在他眼中你都是一个虚伪的人，或者至少是有所图谋的人，他不仅不会与你接近，还会对你敬而远之。

正确的展示应当如此：抓住时机，恰到好处。还有一点需要铭记的是，“名片效应”是一种不可逆的效应，我们给自己打造的“名片”就像是我们的标签，能够给他人留下难以磨灭的印象，要想改变是非常难的。所以，我们应该认真地对待和维护自己的这张“名片”，它包含了我们所有的信息——不仅仅是谈吐举止、人生经历，还有家庭背景、教育程度、思维方式、价值观，等等。

第三章

能力定位：

深挖你的专业优势

木桶法则：
决定你上限的是“缺陷”

木桶法则，也叫“短板效应”。尽管木桶效应已经人尽皆知，但是其提出者——美国著名的管理学家彼得却不为人知。

彼得的全名叫作劳伦斯·彼得，是“层级组织学”奠基人、教育哲学博士。他学富五车，著作颇丰，不仅创设了一门新的管理科学，还为我们留下了诸多思想文化遗产，其巨著《彼得原理》专门研究了职业晋升的瓶颈问题，留下了并称为三大黄金定律的“彼得定律”。

木桶法则，可以形象地将木桶的短板和人的短板联系到一起，其基本内容是：木桶能够装多少水不是由最长的那块板决定的，而是由最短的那块板决定的。同样，我们的优点固然非常重要，但是决定我们高度的往往是我们的短板。

所以，我们不仅要注重发展我们的优势，也需要弥补自身的短板。往大了说，一个组织的成员往往是良莠不齐的，而能力不突出的那部分人却往往影响着整个组织的整体水平。所以对组织而言，不仅需要关注优秀的那群人，也要注意带动那些比较差的人，不能让他们掉队太多。

从木桶法则中，可以引申出两个显而易见的推论：第一，只有当所有的木板都足够高时，水桶才能装更多的水；第二，只要有一块木板高度不够，就会影响整个木桶的装水量。

可见，不管是对我们个人来说，还是对一个组织而言，短板效应可以说是一个不折不扣的贬义词。但是短板效应在日常生活中又是实际存在的，我们就算不愿意面对，也无法做到不去应对它。但如果换个思路和角度来看待它，你就会惊喜地发现，短板效应也可以起到改善我们工作的作用。

首先，短板效应能使我们发现工作中存在的问题。因为假设不存在短板的情况下，我们都做到了完美的程度，那么，我们的工作一定是圆满完成的。如果工作的结果不尽如人意，就说明一定是哪里出现了问题。

其次，正因为我们找到了工作中的问题和漏洞，我们才可以据此提出相应的改进措施，为接下来的工作提供更多的参考，避免类似的错误再次出现。在一次次探索、复盘、规避错误的循环往复中，工作就会越来越顺利。

此外，短板效应还可以帮助我们改进工作方法，因为有时候结果不尽如人意并不一定是工作出了错，而是工作方法不对。我们应该在排除问题之后，再次复盘工作方法，是否有可以优化和提升之处，并在今后的工作中加以改进，工作的效率就会越来越高，结果也会越来越接近完美，甚至超出预期。

对个人或者组织来说，要怎么样才能做到转变思路呢？在此之前，我想先提出一个思维方法上的建议：我们每个人都是自己的管理者，需要管理自己的每一项日常工作，创造出价值并从中得到提升，使自己成为更完美的人。这和组织的管理者是一样的，只是后者需要管理更加复杂的人员及其关系，需要调配各种资源来适应和配合所有人的工作，提升整体效率，为整个组织的工作结果负责，同样也需要让组织得到成长，成为更完美的组织。

而在面对最常见的短板效应时，应该怎样处理呢？按照组织管理者的思路，最重要的当然还是要正确看待短板效应。短板并不可怕，它可以让存在的问题暴露出来，更好地激励我们去做好工作。当然，仅发现问题是远远还不够的，还需要我们及时自查和改进，争取在最短的时间内补足短板，化不利因素为有利因素，提升工作效率和质量。

同时，也要注意，短板效应容易让我们陷入一个误区：过分地关注于弥补短板，而不注重发扬优势。“补短”的同时不能忘了“取长”——有时候“取长”甚至比“补短”更为重要，这就是“反木桶原理”。反木桶原理并不是想法和木桶原理完全相反，而是利用了另一种管理思维：木桶最长的那块板决定了其最大的特点和优势，个人或组织可以凭借这一点迅速占领制高点，做到别人做不到的事情。

对个人来说也是一样——发现自己的长处和优点，即我们得有自己特别擅长的知识和技能，帮助自己建立独特的个人优势。

蚂蚁效应：
个体的力量再微不足道，也能影响到整体

蚂蚁，一种所有人都知道的动物，也是一种特点鲜明的生物。一只蚂蚁出现的时候，任何人都可以忽视它的力量。但是，当蚂蚁成群结队出现的时候，它们会团结一致，且分工明确地完成很多不可思议的工作，这就是“蚂蚁效应”的基本解释。听起来没有什么特别的地方，但是，仔细思考之下就会发现很多耐人寻味的道理——当一个群体呈现出一盘散沙的状态时，这个群体的力量也许还不如一个人的力量大！

团结协作是我们个人都必须学会的技能，不仅在竞争和挑战日益激烈的当今社会如此，在以往几千万年的人类进化史中，我们也是通过此技能才在生物界脱颖而出，进而将人类地位提升到万物之首的位置上。对于蚂蚁效应，我们可以从进化心理学的角度来分析——进化心理学的基本原理是人的心理并不是一成不变的，而是会在进化的过程中不断改进以适应生存环境。

对人类进化史进行分析可以得出，人类99%的进化是在狩猎中完成的，只有1%是在农耕中完成的，种植出现的时间也就一万年左右而已。种植和狩猎最大的区别就是，狩猎必须由多人共同协作完成，猛兽

的力量比单个人要强许多，要对付一只猛兽需要多人的体力和脑力全力配合，而且狩猎活动需要面临与猎物周旋很长的时间，这就会极大地考验人类的耐力。

而农耕生活相对就安逸很多了，日出而作，日落而息，以个体为单位，自给自足，不需要团结协作，也不需要面临一无所获的风险。但我们的基因里已经进化出了团结协作的心理机制，这是我们生命的底层逻辑，不随个体的意志而发生转移——即便是在几千万年后的今天，我们人类在面临重大事件的时候，仍然能够集中力量解决当前最困难的事情。

一件事情，必然有其好的一面，也有其坏的一面，任何事物都无法跳脱此定律，蚂蚁效应也有其负面影响。我们应当警醒，当一群人聚集起来的时候，并不一定就能做成好事，反倒有可能成为“乌合之众”，进而导致灾难性的后果。

法国心理学家古斯塔夫·勒庞[①]的经典著作《乌合之众》，是研究群体心理学的必读书目。**所谓乌合之众，就是像“乌鸦”一样聚集起来的一群人，他们内部结构混乱，无任何秩序可言，而且在群体意识的裹挟之下，个体的独立性被完全消解了。**

这样的群体是非常危险的，因为在这样的群体之中，个体的理性思想和理性情感会被彻底改造，成为一个无任何思想的“空白人”，这样的“空白人”极易受到来自第三方思想的左右——这里的“第三方思

① 古斯塔夫·勒庞（Gustave Le Bon，1841 — 1931），法国社会心理学家、社会学家，群体心理学的创始人，有“群体社会的马基雅维利”之称。

想”可以是任何思想，既可以是好的思想，也可以是坏的思想。

思想上的改变（融入群体思想）可以视作个体智商的降低，这是孤立的个体融入群体之后的直接后果，因为个体的思想会被群体的思想所取代，成为“群氓”中的一员。

如果不用实验来证明这一点，相信大多数人都难以信服，因为我们都会自信地认为自己会坚持理性思考，保持自己的独立性，即便是加入群体之后，也不会有所改变。然而，心理学家阿希的实验结果却无情地揭开了这个大多数人无法接受的现实。

阿希设计的实验非常简单，他使用画有标准线条和需要比较的两种画有长短不一线条的卡片，然后，让被试者比较两张卡片上的线条哪一条与标准线条长度一致。线条长度差非常明显，不需要用量尺测量便可以判断出来。但是，实验的环境是经过设计的，看起来是7个被试者分成一组，一起完成实验任务，但其实其中6个都是“托”，即设置好的实验助手。

实验开始了，被试者需要从两根线条中判断出哪一根与标准线条一样长，在刚开始的六次中，被试者和实验助手都做出了正确的选择。

但从第七次开始，实验助手开始一致故意做出错误的选择，由于实验助手的人数远大于被试者，他们对被试者来说成了一个群体。其他人都选择了错误答案，而只有被试者的答案与之不同。面对这一情境，被试者是坚持自己的想法，还是选择接纳和他人一致的答案呢？

阿希在重复几次实验之后，得出这样一个数据：只有1/4到1/3的被试者能够始终如一地坚持自己的答案，即保持自我的独立性。也就是说，剩下的其他被试者都因为要与群体保持一致而放弃了自己的独立性，去接纳了一个显而易见的错误答案。

这其实就解释了群体给人低智商印象的原因：大多数人为了融入群体而放弃独立思考，放弃了思考也就意味着个体的智商被消解，别人怎么做他们也会跟着做，例如，我们知道的一些群体性事件——“疯抢食盐预防核辐射”“喝板蓝根冲剂防SARS（严重急性呼吸综合征）”等，大都是这样的原因造成的。

情感上的改变通常会伴随着情绪的异化，加入群体后人们的情绪会更加亢奋，也更容易冲动，就好似个体融入群体之后，原本被文化属性所束缚的动物本性都被激发了似的。

有以下几点原因导致了这类情况发生：

第一，理性思考消失。由于自己不再主动思考，别人说什么就是什么，即使别人说的话经不起任何推敲，他们仍然会选择相信，比如抵制日货的言论：“用日货的人都是崇洋媚外，是卖国贼……”这样的言论从逻辑上来说就是不通的，但仍会有很多人选择相信，这就是不思考产生的后果。

第二，心理暗示。我们都知道暗示的力量是非常巨大的，特别是身处群体中的人们，所有人都会为彼此施加心理暗示：用日货的人不是好人，去打，去砸，在这种强大的心理暗示下，他们很快就会付诸行动。

第三，情绪感染。人类究其本质还是“动物”，但我们是一种可以共情的高级动物，正因如此，我们才可以体会到他人的快乐与悲伤，他人的情绪或多或少也会感染到我们。当我们所在的群体处在一种狂暴、愤怒的情绪中时，作为个体的我们极难抵御这种情绪感染的力量，多数人会在不知不觉中迷失自己。

除了这些主要特点，群体还有其他特征，比如无异议，群体的观念总是趋向一致，非常团结，因为有异议的人会丧失自己的独立性，趋向迎合群体的观念；还有高自信，他们会盲目地相信自己的群体观念会得到全面接受，甚至会认为自己的观念具有普世效果，群体大多数时候也不会考虑失败的后果；群体也极易受领导和指挥，如果群体中存在很会煽动情绪的领导者，那他的话语就会具有相当的分量，人们会非常一致地服从其意旨。

可想而知，这样的蚂蚁效应是非常危险的，小到聚众扰乱社会治安，大到世界大战，都值得我们警醒。如果我们可以从另一个角度去看待蚂蚁效应，例如无异议、高自信这些特征都有利于团结群体，如果群体可以团结起来去攻克一个难题，就极容易将难题解决掉，即所谓的“人心齐，泰山移”。

作为个体的我们，千万不要低估我们的价值，群体的力量是个体力量的叠加，如果我们能够始终保持清醒和独立，清晰定位自己的能力，在合适的机遇之下必然能够让自己脱颖而出，成为那个领导群体的人。而很多时候，这个时代的群体并不需要那么多团结一致的口号，而是需要很多不一样的声音。

零和游戏原理：
抱最好的希望，做最坏的打算

博弈论对大部分人来说都不算陌生，它的应用范围遍及经济学、金融学、政治学等学科，但如果对博弈论的理论追根溯源，大家可能不会想到，世界上最早的一部有关博弈论的著作，是中国古代的一部兵书——《孙子兵法》。

“兵者，诡道也。”行军打仗是一件非常复杂和考验脑力的事情，需要对各种可能发生的事件进行预判，同时还要对各种策略进行抉择。《孙子兵法》就是这样一部以战争为研究对象，包括对各种事件的对策以及战略规划的军事巨著。

在商场被喻为战场的今天，仍有很多人将它奉为圭臬。而博弈论也正是研究决策及均衡问题的一种理论，所以，我们在《孙子兵法》里可以看到很多现代博弈论的影子。你也会发现，在现代博弈论中，也有很多和《孙子兵法》类似的表述。

我们现在所接触到的博弈理论，是由美籍匈牙利数学家约翰·冯·诺依曼于1928年创立的。这一年，他证明了博弈论的基本原理，自此，博弈论正式诞生。1944年，他与另一位经济学家奥斯卡·摩根斯特恩合著的《博弈论与经济行为》问世，标志着博弈论系统初步形成，奠定了这一学科的基础和理论体系。

“博弈”一词的英文表达——game——即游戏的意思，标题所说的零和游戏其实就是零和博弈，它与非零和博弈相对。顾名思义，“零和”的意思就是加起来和为零。

对于零和游戏，其严格定义为：在严格的竞争规则下，参与游戏的一方的收益必然以另一方的损失为前提，即各方的收益和损失相加之后的结果永远为零。用一个词来简单地概括就是：损人利己。

这样一解释，博弈听起来颇有点弱肉强食的残酷意味，但实际上它并不只是发生在你死我活的战争中，我们日常生活中常见的下棋、打牌等游戏，甚至就连最简单的“剪刀、石头、布”游戏，也是典型的零和游戏——只要有一方赢，必然有一方会输。

所以，这样的游戏未免会有“把自己的快乐建立在别人的痛苦之上”的嫌疑。而且，它必然会导致残酷的竞争——有竞争就必然会有胜负，就会有胜利者和被淘汰者，如果我们想要和谐共处、合作共赢，就需要避免这样的零和游戏。

如此，我们便要说到与零和游戏相对的非零和游戏。

顾名思义，非零和游戏就是游戏各方的收益和损失加起来不等于零。当收益大于损失时，即正和游戏。当然，也会有负和游戏，即损失大于收益。

可以以著名的“警察抓小偷”故事为例来解释非零和游戏（即大名鼎鼎的“囚徒困境”理论）。这个故事有很多种版本，我们只取其大概意思：

有一天，警察在破案过程中抓到两个犯人，尽管其杀人事实证据确凿，但他们仍旧矢口否认，只承认自己偷了东西。于是，警察将两人分别带到两个房间审讯，对他们两个说的是同样的话：“你们的犯罪事实已经非常确定了，盗窃罪可以判你们一年的刑期。但是，如果你坦白了自己的杀人罪行，那就只判你三个月，让你的同伙入狱十年；如果你拒不承认杀人，而你的同伙检举了你，那你就会被判十年，而他只被判三个月；如果你们都坦白了，那么你们两个人都要被判五年刑期。”

这个时候，如果你是犯人，你会怎么办呢？

每个人只有两个选择：坦白或者抵赖。最好的方法当然是都不承认，这样就无法判他们杀人罪，两人都被判一年盗窃罪。但是，两人已经被隔离开，无法互通消息。所以这时，最佳的策略就成了坦白。

因为，此时向警方坦白有两个好处：一是可以抱最好的期望，如果同伙抵赖的话，自己坦白就可以只被判三个月的刑期；也可以做最坏的打算，自己抵赖而对方坦白了，那自己就得被判十年。综合考虑之下，自己肯定不能抵赖。而如果选择坦白的话，最多也就各判五年，总比被判十年要好。

这样一种都选择对自己有利而不考虑对方或其他人利益的策略而导致的结果，叫作“纳什均衡”（以著名数学家——电影《美丽心灵》中的主人公约翰·纳什的名字命名），也叫作“非合作均衡”。虽然这也是一种“损人利己”的策略，但最终的结果却是损人未必利己。

由此，我们便可以引申出更深入的思考：如果这两个犯人想要达到最利己的目的，就应该完全替对方考虑（在无法串供的前提下）——也就是全都抵赖。这样，两个人就都不用被判杀人罪了——此时的非零和游戏就会变成合作游戏。

随着时代变迁，损人利己的零和游戏早已是自私的过时想法了，现今，不论是国家、组织还是个人，都更加希望通过相互合作达到共赢的目的，即正和游戏。我们习惯奉行的是“己所不欲，勿施于人”，但是要想真正利己又利他，还需要做到“人所不欲，勿施于我”——我希望别人怎样对我，我就怎样对别人，但前提是别人也要用希望我对待他的方式来对待我。

手表效应：
立长志而不是常立志

手表效应和手表有什么关系呢？在现实生活中，你会不会注意到一点：没有人会同时戴两只或两只以上的手表。当然，要排除炫富之类的其他原因。手表最原始的功能是为了看时间，保证时间的准确性，但如果同时有两只手表，而两只手表的时间恰好又不一致，那又该以哪只手表的时间为准呢？

拥有两块手表并不会对我们准确判断时间有所帮助，同样我们也不能同时拥有两种不同的行为准则或价值观念，否则我们就会陷入选择混乱。该效应对组织管理方面的启示是，在同一个组织里，管理者必须要有明确的组织目标，并且最终目标有且只有一个；同一个组织不能同时采用两种不同的管理方法；单个员工也不能由两个及以上的领导同时指挥，否则会让员工无所适从。

组织目标是管理心理学的重要研究课题，著名管理学大师德鲁克曾经说过："并不是有了工作才有目标，恰恰相反，而是有了目标才能确定每个人的工作。所以，管理者应该通过目标对下级进行管理。"目标的设置需要遵循"SMART 原则"，目标必须是具体的（specific），可衡量的（measurable），可以达到的（attainable），和其他目标具有相关性（relevant），有明确的截止期限（time-based）。

这五点缺一不可，但是却忽略了最重要的一点，即目标的唯一性。因为只有这样，组织成员才能根据单一目标确定自己的工作目标，这样他才可以全心全意地投入到目标的实现中去，如果组织有不止一个目标，员工因此分心事小，可能会影响目标的实现。

除了确定的目标，还需要统一管理方法。管理方法与管理者、组织文化和价值观息息相关，而“美国在线”和“时代华纳”两家公司的合并就是一个典型的失败案例——前者是一个年轻的互联网公司，后者却是年代久远的老企业，两者在管理风格、企业文化上背道而驰。两家企业合并之后，管理者们也没能很好地做出取舍，导致合并最终以失败告终。

联想集团在多年的发展过程中，最重要的转折就是创始人柳传志和倪光南的分道扬镳，如今二十多年过去了，人们依旧在讨论这件事。倪光南院士坚持让联想走“技工贸”路线，选择自主研发芯片、操作系统等核心技术，让联想成为像英特尔一样的国际化高科技企业，但柳传志的理念却与他相反，最终两人决裂，柳传志解聘了倪光南。因为他知道，如果有一个和他“唱反调”的主要管理者留在企业中，只会动摇企业的根基。

还有一点是一个员工不能同时有两个及以上的领导指挥，尽管两个领导目标是一致的，但在管理风格上必定会有所不同，不如让一个人全权领导。正如拿破仑所说：“宁愿让一个平庸的将军带领一支军队，也不能让两个天才同时领导一支军队。”

这一点很像另外一个效应，叫作“布里丹效应”，也叫“布里丹毛驴效应”，是由法国哲学家布里丹提出的。一只毛驴站在两捆完全相同的草料中间，可是它始终犹豫不决，不知道先吃哪一堆，结果就在这种纠结中迟迟无法下口，直到饿死。就像我们人类面临两种选择的时候同样也会难以抉择，更何况面对两个领导的命令呢？

在家庭教育上，同样也要避免手表效应，父母在教育目标和理念上一定要保持一致，否则会给成长中的孩子带来迷惑。这一问题在现代并不鲜见，“虎妈猫爸”就是典型的例子，“虎妈”唱红脸，雷厉风行，负责给孩子安排各种任务然后让其严格执行，在管理上不留情面，而“猫爸”唱白脸，性格温和，总是心疼孩子学这个学那个，帮孩子忙，包庇孩子偷懒，孩子犯错也不舍得教训。

风格迥异的父母一同教育孩子，孩子到底是听谁的好呢？同样，老师和父母也不能在教育方面相差太大，老师在学校里辛辛苦苦教育孩子要有独立精神，家长却在家把孩子宠得“衣来伸手，饭来张口”；老师在班上培养孩子的创新和探索精神，家长却奉行传统教育形式，压抑孩子的天性……这些都是不利于孩子的成长的。

这一效应对我们的启示是，我们难免会碰到需要在多方中做出抉择的情况，优柔寡断、没有主见只会让我们成为饿死的驴。即便存在两个时间不同的手表，我们也要选定一个为标准，不能犹豫，也不能随意改变。毕竟，规律是死的，人是活的，怎样利用规律为自己服务，无疑更考验人类的智慧。

名人效应：
被权威带偏的“独立思考”

名人出现的时候总是会引起人们里三层外三层的簇拥围观。如果是粉丝的话，则会更加疯狂，例如，“爱豆”（英文偶像的谐音 idol）的代言必须疯狂“点赞”；“爱豆”的言论必须评论点赞加转发；“爱豆”的演唱会一定要去应援；“爱豆”的专辑，买；“爱豆”的同款，买……

这种名人带来的吸引注意、强化事物、扩大影响的效应，或者模仿名人的心理现象，被称为“名人效应”。

电影《罗马假日》中奥黛丽·赫本的经典造型至今依然被爱美和时尚的女孩模仿；日剧《悠长假期》播出之后，无数的男孩子去学木村拓哉弹钢琴；全智贤在《来自星星的你》中的同款口红色号被疯狂卖断货……这些名人的言谈举止都能够引起粉丝们的注意和追捧。

心理学家自然不会放过研究这一有趣的效应，于是，一位心理学教授做了一个实验。

教授向学生们介绍了一位学校新聘请的世界著名化学家，然后，这位化学家说自己发现了一种新的化学物质，这种物质具有强烈的气味，但对人体无害。说着，他打开手中的瓶盖，以测试大家的嗅觉为由，要求闻到气味的同学举手，结果有不少同学举了手。

实际上，这位化学家只是一名普通的实验助手而已，他手中的瓶子里装的也不过是普通的蒸馏水。但由于大家相信他是一位“著名”的化学家，便盲目地相信了这瓶液体是有气味的。

事实证明，名人效应在引起人们注意和追捧的同时，也会产生盲从和轻信的负面作用。有时候，关于明星的报道甚至会成为现象级的新闻，经常会引发大众热议。

明星一定是有过人之处才能够成为明星的，所以背后一定付出了比平常人更多的努力，向明星学习这种积极向上、努力拼搏的精神是好的，但是，由于盲目崇拜而产生非理性的行为则是需要我们警惕的，因为年轻人本身就容易情绪不稳定，一旦误入歧途或者被人利用，后果可能不堪设想。

那么，该如何理智“追星”，避免名人效应的负面影响呢?

名人效应最广泛的应用非广告莫属了，除了演艺界明星，体育界、科技界、教育界等各领域具有一定知名度的人士都可能参与到广告中来。(当然，这些名人必须都是积极正面的人物)

名人做广告的历史可以追溯到20世纪初，美国的智威汤逊公司为某香皂做宣传时便采用了影星的照片，这一广告策略成了广告界的经典案例，一直被使用至今。如今，如果一个品牌没有一个“形象代言人”，是很少见的。名人效应几乎成了一种“品牌效应”，能够帮助商家快速树立品牌知名度，招揽大量顾客。

实际上，名人代言产品实际是运用了我们后面会讲到的一个“光环效应”，也叫“晕轮效应”，简单地说就是爱屋及乌——我们对名人的喜爱会转移到名人所代言的产品上。

莫扎特效应：
注重硬实力的同时软实力也不能放弃

1993年，美国加州大学欧文分校的戈登·肖教授做了一个实验，实验的参与者都是大学生。他先让学生们听了一曲莫扎特的《D大调双钢琴奏鸣曲》，然后马上进行空间推理测验，就像刚上完音乐课就进行数学考试一样。

让人没想到的是，实验结果却让数学老师们喜出望外——听过莫扎特音乐的学生，其空间推理测试得分明显高于没有听过的学生，这种现象后来被一个法国心理医生命名为“莫扎特效应”。也就是说，听完莫扎特的曲子之后，人的大脑活性提升了，思维会更敏捷，甚至还可以起到缓解病情的作用。

并不是只有莫扎特的曲子有如此效果，研究者发现：凡是优美的、节奏舒缓的音乐都能够激发人体的正向情绪，比如愉悦、欢快等，这些正向的情绪都可以提升大脑的活跃度。

如此，就不得不提到认知神经科学，戈登·肖教授正是这一领域的专家，他的实验合作伙伴叫罗斯彻。认知神经科学认为，儿童的早期经验可以决定大脑细胞——也就是神经元之间的联结和凋亡的方式。

而我们都知道，神经元联结（大脑的复杂程度）越复杂，智力就越高。

所以，如果想让儿童的智力发展得越来越好，可以通过增加其早期经验来丰富其大脑神经元。罗斯彻就认为，音乐就可以很好地起到这一效果。因为音乐具有丰富的结构，能够激活神经元，让思维更加敏捷，有利于解决复杂的问题。

另一位神经学家吉森给出了另一种解释，他认为，在解决复杂问题上，“新手”和“专家”相比需要消耗更多的能量，既然音乐可以提高空间推理能力，那么就可以推理出——受过音乐教育的学生会比没有接受过音乐教育的学生消耗更少的能量。

那么问题来了，我们怎样才能知道学生在解决问题时消耗了多少能量呢？随着认知神经科学的发展，相应的技术手段也日臻完善，其中经常用到的几种技术手段有：脑电图、磁共振成像、正电子发射断层扫描等，它们的原理都可以用一句话解释——用一些方式将大脑的活动记录下来，然后进行可视化处理。

弗洛拉、米勒和佩林斯三位科学家就使用脑电图技术做了实验，在实验设计上和肖教授给大学生做的差不多，但他们找来的被试者是学龄前儿童，也就是一些没有接受过正式教育的孩子。

在实验中，他们将这些儿童分成两组——音乐教学组和非音乐教学组，然后来做测试，同时用脑电图技术对脑活动进行观察和监测，检验是否接受了音乐教育的孩子解决问题的能力更强。根据吉森的理论，音乐教育组在解决问题时消耗的能量会更少，在解决问题时大脑活跃程度比较低。果然，脑电图显示的结果印证了这一点——音乐教学组的脑电活动比较低，和非音乐教学组存在明显的差异。

如果还要更详细地解释一下，就是当音乐进入我们的大脑时，音乐的各种成分会在我们的各个脑区来回穿梭，在脑区进行加工的同时，也建立了各个脑区之间的联系，这样就可以更好地激发脑区各个部分的联动，然后“群策群力”地为我们解决问题。这样看来，音乐不仅可以陶冶情操，更重要的是还可以激发我们潜在的智力，帮助我们在学习、工作上取得更好的成绩。

尽管莫扎特效应听起来很科学，而且也有相关的实验数据证明，但是还需要更加严谨的实验验证，所以我们不能迷信这样的结论而一味地让孩子多听莫扎特的作品。虽然家长们望子成才心切，但是教育的方法还是应该因材施教，不可一概而论。

这一效应的最大作用就在于告诉我们所有的教育者，教育并不是只有一种方式。德、智、体、美全方面的发展，才是教育的本质。软实力上的教育不仅可以帮助孩子陶冶情操、强身健体，而且还有增长智力、缓解压力、提高人际交往能力等一系列作用。

学习是一件可以持续终身的事情，无论是在学校还是在社会里，我们都应该将自己的内心呈现为开放的状态，这有利于我们学习到更多的文化知识。

齐加尼克效应：
“放空”内心才能高效前进

“齐加尼克效应”可以说是压力话题的后续，其名称取自法国心理学家齐加尼克。他做过这样一个有趣的实验，他将找来的被试者分成两组，让他们分别去完成20项任务。其中一组被试者在完成过程中会受到实验者的干扰，以至于无法完成任务；而另一组被试者没有受到干扰，顺利地完成了任务。

实验结果发现，虽然在完成任务的过程中，所有被试者都处于紧张状态中，但是，顺利完成任务一组的紧张状态会随着任务完成而消失，而受到干扰无法完成任务的那一组，紧张状态会一直伴随着他们。这种因为工作造成的紧张状态，工作完成便消失，工作完不成就一直维持紧张状态的现象，便被叫作齐加尼克效应。

随着现代生活的节奏越来越快，人们的心理负荷也越来越重，每天大量积压的工作使得我们不得不加班去完成，或者在工作还未完成的紧张状态中入睡。不仅是我们上班族，就连学生们也在“一波未平，一波又来”的作业、考试中被狂轰滥炸。失眠、头疼、记忆力衰退、精神不振成了许多人的通病——尽管身体已经疲倦，但大脑却还被未完成的任务一直占据着，得不到放松和休息，这就是各种亚健康的根源。

缓解齐加尼克效应最有效的方式就是休息——从身到心全方位的休息。有一个词叫作“放空”，其实就是让大脑得到充分的休息。

1888年，美国第23届总统竞选那天，对候选人本杰明·哈里森来说可谓是人生最重要的时刻之一。他在家中平静地等待着最终结果，等到竞选结果宣布已经是晚上十一点了，当朋友打电话向他祝贺时，发现哈里森早早就上床睡觉了。第二天上午，朋友不解地问他，因为我们碰到这种事情一般很难入睡，更何况睡得那么早。哈里森解释说：“熬夜并不能改变结果，而且如果我当选了，我前面的路会更难走。所以，不管怎么说，好好休息才是最明智的选择。”

哈里森的话说到了重点，因为我们已经决定休息了，这时候的紧张状态并不能改变事情的结果，还不如好好休息，养精蓄锐到第二天再去完成接下来的任务——尽管我们都明白这一点，但没多少人可以真的做到。

既然如此，我们就得寻找办法来拯救自己，避免齐加尼克效应。在这里，我给大家几点建议：

第一，提高工作效率。这是工作方式的转变，也是一种理念的转变，从注重工作时间转变为注重效率。学生和上班族都是一样，任务拖得越久，消耗我们的脑力和精力就越多。与其忍受长时间完不成任务所带来的折磨，不如想方设法提升工作效率，在更短的时间内完成更多的任务，挤出让大脑得到放松的时间。提升工作效率不是一件容易的事，背后需要能力的提升和工作方法的优化。所以，在工作的时候，不仅要思考工作内容的本身，还要思考如何科学地安排任务、合理地调配资源。

第二，懂得如何放松。很多上班族在工作多年之后，已经不知道怎么“玩”，甚至连“玩”什么都不知道。所以，在工作之外，坚持一两样兴趣爱好也是非常重要的——即便它们可能不会给我们带来收益，甚至还很费钱，但是在那个过程中，我们能够得到一时半会的放松和快乐，这就是值得的。问题是很多人逐渐放弃了自己的兴趣爱好，或者对爱好已经提不起兴趣来，注意力就只能放在工作上。

从零开始培养爱好并不难，任何事情都可以成为爱好，即便是随口唱唱歌、看几页书，再简单的小事都可以，只要是能将注意力从工作中转移到这上面来一会儿，便可以有效地缓解工作带来的紧张感。

第三，经常给自己积极的心理暗示。最喜欢给自己积极心理暗示的可能就是鲁迅笔下的阿Q了，即便他愚蠢且胆小，但不得不说，他的抗压和耐挫能力非常强大——不管被人欺负得多惨，不管日子过得多难，他都能在他独特的“精神胜利法”中重新振作起来，生龙活虎地迎接明天的到来。

其实，我们也可以经常给自己一些鼓励，例如，可以在累了一天之后奖励自己一块甜品，或者泡一个舒服的热水澡；还可以对自己说一些夸奖的话，肯定自己的努力，勇敢地面对挑战……通过这种心理暗示，能够调节我们的心理状态，当然，如果自己做不到的话，也可以向家人、朋友倾诉。

最后，还是要提醒一点，如果齐加尼克效应已经让我们不堪重负，出现了各种自己无法解决的身心问题，那么一定要去寻求专业人士的帮助。

青蛙效应：
安于现状才是真正的危机

“温水煮青蛙”的故事我们耳熟能详，这个故事其实也源于心理学实验。

19世纪末，美国康奈尔大学的研究者做了一次“青蛙实验”：第一次，研究者们将青蛙放进沸水锅里，青蛙立刻跳了出去；第二次，他们把青蛙放进凉水里，青蛙在水中安静地待着。然后，实验者用小火慢慢地给锅加热，青蛙虽然知道水温在慢慢升高，但是却安于现状，没有立即往外跳，直到水温热到无法忍受，它已经失去了跳出去的能力，只能面临被煮熟的命运。

这对我们是一个重要的启示：不要安于现状，要敢于跳出舒适区，否则我们很有可能会被安逸和舒适养成惰性，停滞不前，从而被社会淘汰。

我们所处的环境就好像一口锅，我们就是其中游动的青蛙。锅的大小是有限的，水的温度也在不知不觉中升高。锅越小，水越少，水温升高得就越快。如果我们对自己所处的环境没有敏锐的洞察力，对自己的状态没有客观的了解，等待我们的就只有“被煮熟”的命运。

如果我们能够及时地跳出去，就能够活得更久一些。当然，我们不可能完全获得自由，只能跳入另一口锅中，这口锅可能会比之前大一些，环境好一些。如此，我们就在不断地跳出舒适圈、不断地折腾中，避免“被煮熟”的命运，即古人所云“生于忧患，死于安乐”。

我们会在两种情况下陷入舒适圈：

一种是取得了一定的成绩，然后陶醉其中。在上学的时候，我们经常会碰到这种情况：前一次考试取得了好成绩，然后便开始飘飘然，以为以后便可以一直保持下去，结果下一次就考砸了。经过反思后，刻苦努力，下一次才又考好了。过去的成绩不管有多好，都已经是过去时了，只能证明在过去的一段时间里我们表现很好，努力得到了回报。但是未来呢？谁能保证一个人一直一帆风顺？

另外一种是自我感觉良好，也就是“精神胜利法”。所谓的“精神胜利法”，就是盲目地认为自己很厉害，不愿意努力，也不愿意改变。这类“青蛙”的“锅”往往不大，很快就会被“煮熟”。

要想避免“青蛙效应”，首先就要对自身有一个清晰的认知。古人云“吾日三省吾身”，其实并不只是复盘自己每天做的事情这么简单，而是要反思：我们处在现在的状态已经多久了？我们有多久没有提升自己了？有没有感到周遭的环境发生了变化？

其次，我们时刻要有危机意识。机会总是留给有准备的人，我们不能等到环境变化之后才做出反应，就像后知后觉的青蛙一样，走在环境之前才能有备无患。

随着社会节奏越来越快，环境变化的速度往往让我们措手不及，保持危机感并不是一件容易的事情。最后，我们还得见微知著。尽管环境的变化总是让我们措手不及，但是我们总能找到一些蛛丝马迹。对于突如其来的、重大的危险我们也许来不及预料，但是对于一些缓慢的、细小的危险，只要细心观察，其实不难发现。所以，青蛙效应最可怕的地方就是忽略危险的存在——相较于沸水来说，缓慢升高的水温才更可怕。

对于一个组织而言，同样要避免青蛙效应。乔布斯曾有一句话被很多企业家当作格言："Stay hungry，stay foolish"，可以翻译为"求知若渴，大智若愚"。居安思危、未雨绸缪，不论古今，不论东西，都是一种大智慧。

中兴和华为都是著名的民族企业，当时，中兴、华为和其他两家公司——巨龙和大唐，并称"巨大中华"，都是我们民族的骄傲。可后来巨龙和大唐日渐式微，中兴和华为的业绩则蒸蒸日上。直到2018年初，美国宣布封杀中兴，宣布不允许中兴再向美国购买芯片等敏感产品，并向中兴开出天价罚单。此事惊动了中兴创始人侯为贵，年逾七旬的他代表企业奔赴美国谈判，但中兴仍因此遭受重创，一时无法正常进行运营活动。

美国企图用同样的手段制裁华为，但后者却用强硬的姿态抗争到底。原来，华为公司创始人任正非先生早已预料到了这一天，投入大量科研资金秘密研制芯片，争取把核心技术掌握在自己人手上，而不是被动地攥在别人手里。两家企业虽有同样的起点，发展之路却大不相同，区别就在于对危机的意识。

事物的发展总是从量变到质变，就对环境的感知来说，人类未必比青蛙强多少。我们共同生活的家园——地球，其实也在一天一天变差：气候变暖、沙漠化、水污染，等等。当环境恶劣到彻底崩溃、无法挽回之时，我们就会和青蛙一个下场。

如果永远受制于环境，处于被动状态，那人就和青蛙没什么本质上的区别了。人类是具有智慧的高级动物，我们的祖先改造环境、建造家园靠的都是智慧。难道面对区区“水温”，我们就该束手无策，缴械投降了吗？改造环境的重要心理素质叫作“控制感”，失去了控制感的下场是非常危险的。

哈佛大学心理学教授兰格做过这样一个实验，他去一家临终关怀的养老院拜访了一些行将就木的老人。在拜访结束后，他给每位老人送了一盆植物。此时，实验研究就开始了，他将老人们分成两组，对第一组老人说：“老人家，我们走了，这盆植物送给你。但是，你不用管它，护工会每天负责给它浇水，你负责欣赏就可以。”

对另外一组老人，兰格是这么说的：“老人家，我们走了，这盆植物送给你。但是你需要给这盆花浇水，如果不浇水的话，这盆花会死掉的。”

一年后，当他再回到这家养老院，发现由护工照看植物的那组老人的死亡率是30%，而由自己照看植物的那组老人的死亡率是15%。后来，在不同国家、不同社会、不同人种的实验反复验证了这个结果。

其实，由老人自己负责照看植物，就是一种对自我生活的有意识控制——如果护工什么都帮我们做好了，反而会让我们失去生活的意义。

但如果有自己负责的任务，我们对自己的人生就有控制感，就不会是没有意义的，生活态度也会更加积极。

像需要生活在水中的青蛙一样，我们也需要生活在周遭环境之中，但绝不能因此失去对危险的警觉和对自我的控制——要么改变自己，要么改变环境。

延迟满足效应：
你的克制终将为你迎来更大的满足

“延迟满足效应”源于一个重要的发展心理学实验，叫作“迟延满足”实验，是由美国斯坦福大学的心理学教授米歇尔设计的。研究人员发给4岁被试儿童每人一颗软糖，同时告诉孩子们：如果马上吃，只能吃一颗；如果等20分钟后再吃，就能吃到两颗。然后研究人员们就都走了，留下孩子们自己待在房间里，不过他们的表现都被房间里的相机拍摄了下来。

4岁的孩子们对软糖是无法抗拒的，研究人员发现，三分之一的孩子急不可耐，马上就把糖吃了；三分之二的孩子则耐住性子、闭上眼睛或头枕双臂做睡觉状，也有的孩子用自言自语或唱歌来转移注意力，以克制自己的欲望，坚持了20分钟之后吃到了更多的糖。

之后，研究人员进行了跟踪观察，发现那些以坚韧的毅力获得两颗软糖的孩子，上中学时表现出较强的适应性、自信心和独立自主精神；而那些经不住软糖诱惑的孩子则往往屈服于压力而逃避挑战。在后来几十年的跟踪观察中，也证明那些有耐心等待吃两块糖果的孩子在事业上更容易获得成功。

所谓延迟满足，就是为了长远的、更大的利益而自愿延缓或者放弃眼前的较小满足。能否做到延迟满足，和每个人的自制力有重要关系。而每个人的自我控制能力存在着一定的差异。

自控能力强的人，或者说自律的人，能够抵挡住眼前的诱惑，专注于目标的完成，能够坚持良好的习惯，这样的人不管是在学习还是工作中都更能取得成功。他们放弃了美食和躺在沙发上看电视，选择控制饮食和运动，为了以后有更健康的身体；他们放弃了挥霍和奢侈享受，放弃了不必要的消费，而是将这部分钱储蓄起来或者用于再投资。当然，每个人有不同的目标，越长远的目标越需要艰苦的付出，但是得到的回报也会越大。

如今，关于自律的各种心灵鸡汤层出不穷。但我们还是应该从实验中得到更多的信息，延迟满足效应的设计者米歇尔的三个女儿也参与了这个实验。在此之前，心理学家们一致认为一个人是否能成功的决定因素是智商的高低。但米歇尔认为，如果没有自我控制能力，智商也无法起到作用。

“这项实验迫使孩子们去寻找对自己有利的解决问题的方法，他们都想得到第二颗糖，但怎么做才能得到呢？”经过对孩子们行为的反复观察，米歇尔得出结论，自我控制的秘诀就在于“转移注意力”。那些等待了20分钟成功得到了另一颗糖的孩子不会一直盯着糖，他们会想办法用各种方式来转移注意力，暂时忘记对糖的渴望。因为注意力是一种有限资源，转移到了别处，那这边就没有了。

所以，表面上是自我控制能力，实际上涉及如何解决问题和执行的能力，背后还是智商作为决定因素。一个人如果拥有优秀的解决问题和执行的能力，那还有什么事情做不好呢？所以延迟满足实验对参与者的未来预测性是非常准的。自我控制能力一部分是天生的能力，后天的教育也有重要的作用。父母和老师可以帮助孩子找到解决问题的方法并监督其执行，并用适当的激励强化他们的正性行为。米歇尔目前仍然在继续着这一研究，试图找到更好的教育方式来培养孩子的自我控制能力。

这里介绍一个“ABCD法则”来增强我们延迟满足的能力：A代表行为，B代表现在的好处，C代表未来的结果，D代表改变的策略。比如我们想改正自己的“拖延症”，这是一个典型的不自律的例子。A是做事拖延，B是可以让我们荒废时间或者玩耍，C是我们在未来得面临事情到期无法交差的风险，还要加班加点赶工，D的改变策略可以参考实验中“转移注意力”的办法，即将我们的注意力从即时的奖励中转移——想玩手机，就把手机关机；想睡觉，就逼自己坐在桌前。把这些令人分心的东西全都赶走，专心做正经事，拖延症就会不治而愈了。

自律，已经成了现代社会的必备技能，但是也不能陷入盲目自律的陷阱。不管什么事都得先延迟一段时间，等到要满足的时候，又会变得优柔寡断：现在就满足了，是不是以后的回报会更大呢？现在放弃值不值得呢？除了更加纠结，它还会让我们更加挫败，因为努力了很久却一直没有回报，还能否一如既往地保持动力、高效率和积极性呢？

压抑自己的欲望也是需要消耗意志力资源的，所以，意志力资源也是有限资源。正如张爱玲那句话：“出名要趁早，来得太晚的话，快乐也不那么痛快了。”等了好久终于等到了回报的那一天，是否得到的就正如同我们想象的那样呢？很多人高考之后也并非像当初想的一样快乐，放假了也并非就那么快乐。此外还有一个极端的后果，就是反而使我们变得贪婪。过度的延迟满足会让我们永远不知满足，永远没有得到回报的那种快乐。

所以，“活在当下”的生活态度也是不可缺少的，用两者结合的方式调节生活节奏和工作状态，做到收放自如，我们的生活和工作就会更加圆满。

武器效应：
手指扣动扳机，扳机也带动手指

著名社会心理学家伯克威茨在1978年提出了影响深远的关于侵犯行为的“武器效应理论”，即人的挫折并会不直接导致侵犯。侵犯行为的发生，还依赖于情境中的侵犯线索。挫折导致的只是产生侵犯行为的情绪准备——愤怒。

为此，他设计了一个实验来验证，他先让实验助手故意制造挫折情境，用来激怒被试者，然后实验者会安排一个机会，让被试者对激怒自己的实验者施加电击。电击时有两种情境：一种是可以看到桌上放着一把左轮手枪，另一种是只看到一只羽毛球拍。实验结果发现，看到手枪的比看到羽毛球拍的人实施了更多的电击，这说明武器会增强人们的侵犯行为。

我们以为是我们自己扣动了扳机，实际上，手枪的存在就已经在刺激我们去扣动扳机了。伯克威茨说：“枪支不仅仅使暴力成为可能，也刺激了暴力。”武器为正处在愤怒情绪中的人提供了线索和更多的行为暗示，对其破坏性行为起了推波助澜的作用。

刘易斯·托马斯曾说：“人际行为是人类社会中最奇怪、最不可预测和最难以解释的现象，而自然界中人类面临的最大威胁恰是人类本身。”现代人类接受着最好的教育，却也在最残酷的暴力犯罪中生活。

侵犯行为，也叫攻击行为，是企图伤害他人的身体行为或者言语行为。攻击行为又分为敌意性攻击行为和工具性攻击行为两种。前者由愤怒引起，以伤害为目的，最典型的例子就是谋杀；后者是把伤害行为当作达成其他目的手段，比如恐怖活动，用伤害人质的方法来索取一些东西。

弗洛伊德的本能论能够解释为什么人们会出现攻击行为，他认为人不仅有生的本能，还有死的本能，后者就是破坏的本源，是一种与生俱来的、摧毁秩序、回到“前生命状态”的冲动。死亡本能会导致侵犯或自毁，当这种本能转向外部，便会直接导致仇恨、攻击，甚至演变成战争中的侵略、屠杀等，当这种本能转向内部，就会导致自虐，甚至自杀。

另一个经典的理论就是“挫折攻击理论”，挫折即对目的的阻碍，但是挫折的来源往往是权威力量，由于对反对和惩罚的畏惧，人们往往不会对挫折源进行直接攻击，因此攻击行为会转移目标，有时也会指向自己。

社会心理学家班杜拉证明了攻击行为也可以通过社会学习得来。在他的经典实验中，让儿童目睹成年人对玩具娃娃的施暴过程，在之后对儿童进行观察，就会发现他们比没有见过他人施暴的儿童更容易出现攻击行为。这种攻击行为的增加不是从别处得来，是从外界观察学习而来的。不仅是身边的事件，就连电视剧、电影中的打斗、暴力场景，也能产生这种效果。

人在愤怒的时候，不管是天生的还是后天习得的攻击行为，遇到某个导火索，比如一把刀、一块石头，就会如同火上浇油，更容易表现出来。除了这类武器，还有很多我们看不见的线索诱使和暗示我们采取行动。就像减肥的人最好不要在身边放能吃的东西，它们会时刻提醒我们伸出“罪恶的手”；工作和学习时，旁边不要放手机、平板电脑，它们会时刻诱惑我们去玩。

在武器效应中，还有一点容易被忽略掉，那就是愤怒情绪。如果说武器是导火索，那么愤怒就是前提。我们在之前提到情绪效应的时候讲过情绪的动机作用。其实说得更严重一点儿，情绪是导致我们做出某种行为的直接原因。就拿武器效应来说，真正让我们愤怒的事件其实只起到了间接作用，真正让我们拿起那把刀、扣动扳机的，是我们的愤怒情绪。

愤怒是愿望不能实现、受到挫折时产生的一种消极情绪，是一种基本的、原始的情绪，与求生、争夺食物这些本能行为有关系，具有帮助人们适应环境的作用。但如果愤怒情绪失控，就会驱使个体去做一些破坏性、伤害性的行为，造成严重的后果。

情绪反应适度是心理健康的标准之一，如果情绪反应过度，主要是过大或者时间过长，就会产生心理上的问题，叫作情绪障碍，典型的例子便是“路怒症”。

路怒症是一个舶来词，最早来自国外心理学的研究。不过现在在国内也引起了一些关注，随着车辆和拥堵现象越来越多，开车压力和其他挫折便直接导致了愤怒情绪——路怒。

在此情况下，他们有可能会互相辱骂、大打出手，甚至还会袭击车辆和其他无辜人员，一旦爆发，破坏力会非常强。研究表明，尽管很多的司机都有这种症状，但是他们自己并不明白这是一种病态。为什么面对同样的状况，有的人怒气冲天，有的人却能泰然处之呢？

这和每个人的反应程度和控制能力有关，至于如何处理消极情绪，我们在这里介绍一种情绪——“ABC理论”，它是由美国心理学家埃利斯提出的：

A是激发事件，B是对事件的认知，C是产生的情绪和行为结果。以前我们总认为事件会直接激发我们的情绪和行为，但实际上这只是间接原因，直接的原因是我们对事件的认知和评价。埃利斯认为，人有的时候是理性的——是按照逻辑思考的结果去行动的；但有的时候却是不理性的，会受到一些不合理想法的影响，不合理的想法会直接导致不良情绪的产生。

要想控制情绪，改变事件是不太可能的，关键就在于改变我们对事件的认知。路怒症对交通堵塞的认知就是跟自己过不去，都是别人的原因，但其他人就把这当成一个正常现象，会理智地进行处置。遇到失恋时，有的人的认知就是自己不值得被爱，所以会陷入悲伤和抑郁，但有的人的认知是，对方配不上自己，终于可以换一个更好的了，不悲反喜。

情绪并不是多么靠谱的东西，既然情绪能为自己控制，当然也会受到他人的影响。只有保持理性思考的能力，才能不为外界所动，做一个理性的人能够为我们免除许多麻烦，可以让我们把掌控情绪的主动权握在自己手里。

最后，我想用《心理学与生活》的作者、心理学家津巴多的话来做结尾：“单凭想象，你永远不知道自己会不会那样做。要知道，情境的力量远比我们想象的大得多。”尽管我们不愿意承认，但是我们的确都是环境的产物。

软化效应：
顺应时代趋势，才能把握未来

行为心理学将人的行为由硬变软的现象叫作“软化效应”，它是相对于“硬化效应”而言的。这么解释过于抽象，我们先从“硬化”说起。

“硬化”是由环境变化引出的概念——随着现代工业化进程的加快，城市规模越来越大、高楼大厦越来越多，钢筋水泥正蚕食着人们的生活空间，人们居住的地方阳光被遮挡、看不见绿色。

钢筋水泥代替了田园风光，马路街道覆盖了绿水青山，这种周遭环境上的变化就叫作“硬化”。社会心理学的一门分支——环境心理学由此应运而生，它也叫生态心理学，是研究环境与人的心理和行为之间关系的一门重要学科。

从系统论的观点来看，自然环境和社会环境是统一的，都会对我们的行为产生影响。环境的“硬化”直接导致了人类行为的“硬化”，人们因此产生紧张、焦虑甚至厌恶等各种心理问题，暴力、犯罪等破坏性极大的行为，都是硬化效应的延伸。反之，人们想出各种办法来解决和避免硬化效应的现象，就是软化效应。

为什么环境会对人的心理和行为产生影响呢？这里的环境概念比较广泛，既包括社会环境，也包括物理环境，除了自然环境之外，还有噪音、拥挤、空气污染、温度，等等。环境心理学是由工程心理学发展而来的，后者是研究人的心理与行为和各种工具之间的关系，这种关系泛化之后就成了人与环境之间的关系。

我们都不喜欢拥挤不堪的环境，但随着城市人口越来越多，特别是大城市，其人口密度非常大，当人口密度达到一定程度后，个人的空间需求必然就会受到挤压，人们就会产生拥挤感。拥挤感会对我们的心理和行为产生什么样的影响呢？

心理学家们用老鼠做过这样的实验，他们将几十只健康的老鼠放在面积约九平方米的栏圈里，不限制它们的食物、水和空气。该研究长达两年，虽然生存资料并不缺乏，但随着老鼠们渐渐长大，有了越来越多的后代，生存空间越来越拥挤。老鼠的行为和机能便出现了异常，它们的身体系统遭到了破坏，血糖也急剧下降，甚至出现休克等情况。

当然，我们不能用人来做这样的实验，但是根据研究，长期在过度拥挤的环境中生活不利于我们的身心健康，甚至会使某些病情加重。此外，拥挤会使人际吸引降低、消极情绪增加、产生退缩行为，同时也会降低利他行为产生的概率。

拥挤直接影响的是个人空间，每个人都应该有自己的安全距离，如果他人离自己特别“近”，就会产生压迫感和威胁感，消极情绪便会急剧增加，自然也不会觉得对方有吸引力了。当遭遇安全距离被他人侵入时，就会产生退缩行为的应激反应，如减少眼神接触，漠视其他人等。

既然安全感都无法保证，还谈何利他行为呢？个体的注意力自然会放在保护自己身上。

正因为硬化效应有种种的负面作用，所以软化就显得格外重要。我们再回到人为的环境中来，主要涉及两个场景，也是我们非常熟悉的两个场景，管理场景和教育场景：

封建专制是硬化的极端，但是权力和制度是管理者不可或缺的手段，它能够有效地约束员工的行为。但是权力和制度又会使得环境过度“硬化”，让人感到没有人情味。在越来越讲究人性化管理的今天，一味强调权力和制度显然是需要改进的，所以管理也需要一点儿民主制度，民主化并不会使得权力和制度失效，反而会使得管理更加卓有成效。

过去的传统教育者奉行“棍棒教育”，教出来的学生诚然也很优秀，但是在现代环境下已经不再适用，在如今的教育背景下，学生的好奇心、探索能力、创新意识和独立精神这些素质更为重要。因为教育面对的大都是未成年人，所以更需要给他们能够发扬天性、培养兴趣、探索和创新的舞台，而不是限制他们的想法。

美国有位教育学家曾经以“心目中喜欢的老师”为题对9万名学生做问卷调查，结果显示，教师有12种素质最受学生喜爱：友善的态度、尊重教室里的每一个人、耐心、兴趣广泛、良好的仪表、公正、幽默感、良好的品行、对个人的关注、勇于认错、宽容和机智多谋。从这一结果中，大家便能明白，学生希望教育者是一个怎么样的角色。学习本就是一件又枯燥又伤脑筋的事，未成年人又处于容易冲动和偏激的年纪，软化的环境可以帮助他们形成一个安定平和、积极向上的心态，让他们在感受到约束的同时又能够获得一个释放自己的空间。

第四章

沟通定位：

翻倍你的社交优势

留面子效应：
如何正确地“得寸进尺”

关于留面子效应，我们来看一下一位名叫查尔迪尼的美国心理学家的实验研究。

查尔迪尼的研究是关于“导致顺从的互让过程的原因”的，简单来说，就是想搞清楚人们是出于什么样的心理才变得顺从别人的要求。

在生活中，我们也难免会遇到这种情况，不知不觉就被别人“套路”了。这难道是因为我们笨吗？当然不是，只因为对方用了一些心理学技巧而已。

查尔迪尼要求20名大学生花两年的时间去做一个少年管理所的志愿者。这份工作既辛苦又费时，而且还没有多少回报，因此，所有人都拒绝了。

实验从这时开始进入到重点，查尔迪尼并没有停止对他们的要求，他让这些大学生带少管所的孩子们去动物园游玩了一次。结果，游玩结束之后，约50%的人同意了这一要求。作为对比，查尔迪尼对另一组大学生的要求是，让他们直接带少管所的孩子们去动物园游玩，而跳过了一开始就要求他们做两年志愿者的环节，结果只有16.8%的人同意。

现在，大家知道为什么查尔迪尼明知道他们不可能接受去做两年志愿者，却还要提出这一要求的原因了——就是为了在提出下一个要求的时候，让对方更愿意接受。其实，带孩子们去动物园也非常辛苦，又费时费力，并且还没有多少回报。（所以只有16.8%的人愿意去）

事实上，这一实验为我们揭示和验证了一个非常有用的心理机制，叫作“留面子效应”——如果你想让别人接受你的某个要求，最好不要直接向对方提出，而是先提出一个更高难度的、对方难以接受的要求，等对方拒绝之后，你再提出一开始想要提的要求，那么对方接受你要求的概率就会大得多。

总结起来说就是：想得寸，先进尺。现在，你是不是觉得心理学满满都是“套路”了呢？

那么，这个“套路”背后到底是什么原理在起作用呢？我们可以从社会心理学的角度一窥究竟。

首先，要知道，社会心理学是研究人类在社会相互作用中的心理及行为的一门学科，所以，我们需要从个体和群体两个角度综合考察这一效应。

作为独立的个体生存在社会中，我们需要和各种人产生各种各样的关系，这是任何人都无法避免的，否则，我们就无法很好地融入这个社会，成为一个健康的“社会人”。**在与他人交互关系的过程中，我们可以获得各种收益，其中最重要的一点收益，便是“价值感”的确立。**如果我们完全独立，不为他人做任何事情，那么我们的价值感该如何确立？正因如此，我们才会努力工作，创造属于自己的价值，让我们的人生更加有意义。

如果在人际交往中，我们拒绝了他人的请求，表示我们不愿意帮助他人，对方就会因此感到失望，我们自己也会因此而感到内疚。为了补偿别人，进而维护和他人的关系，也为了体现我们自己的价值而减轻内疚，我们会倾向于接受他人提出的比较简单的要求，即给他人一个“面子”，也给自己一个台阶下，这就是留面子效应的原理。

这让人不免想到鲁迅在《无声的中国》里的一段话：“中国人的性情是总喜欢调和、折中的。譬如你说，这屋子太暗，须在这里开一个窗，大家一定不允许的。但如果你主张拆掉屋顶，他们就会来调和，愿意开窗了。**没有更激烈的主张，他们总连平和的改革也不肯行**。那时白话文之得以通行，就因为有废掉中国字而用罗马字母的议论的缘故。”

并不只是国外的心理学家发现了“得寸进尺”的正确方法，眼光敏锐、头脑清醒的鲁迅先生也早已用精辟的文字总结了这一人性的“弱点”。之所以说这是人性的“弱点”，是因为这的确可以被拿来利用，并且有很大的成功概率。

但是，成功也需要有两个前提：第一是对方和你确实有一段人际关系存在，如果对方是你在大街上随便找的一个陌生人，人家压根就不会理会你的任何要求，因为他不认识你，他无所谓你失望与否，也不会担心自己与你的关系会遭到破坏；第二是第一个要求可以稍微过分一些，但第二个要求绝不可过分，如果第二个要求在对方看来仍然非常不合理，那么他仍然会拒绝，毕竟人们不会冒着风险去接受一个自己无法完成的任务。

最后还要说明的一点是，留面子效应和其他大多数心理学原理一样，可以适当利用，但绝不能滥用。即使今天我们利用留面子效应成功地“套路”了别人，但在未来的某一天，有可能他也学会了这一“套路”，那么，到时你们的关系会变成怎样一种局面？他会怎样看待你呢？

所以，在人际交往中，我们还是得记住——“己所不欲，勿施于人。”

顺序效应：
面试成绩是由什么决定的

“顺序效应”也叫“实验误差效应”，是实验心理学中的一个概念——在实验中，由于顺序的先后造成结果的各种误差，就是顺序效应。一般，在实验中被试者需要完成多个实验任务，前面的任务会对后面任务的完成产生各种影响。这种影响可大可小，可长可短，难以避免又无法准确测量出来，只能通过各种方式进行平衡。

一般在生活中，我们不需要做心理学实验，所以我们直接来描述顺序效应在生活中的作用。就拿最典型的面试场景来说，面试是考查面试者综合素质的重要方式，面试者能够得到考官的认可是面试成功的关键。但是，考官需要面试很多个面试者，尽管考官也经历过专业的面试培训，知道保持客观公正的重要性，但是面试就像心理学实验一样，主观性的影响非常大，所以，顺序效应还是难以避免。

面试中会造成哪些顺序效应呢？首先，面试者按顺序进行面试，考官会在内心将这一个面试者和前一个相互比较，进而直接影响面试的客观结果。试想一下，如果考官连续面试了三个表现很差的面试者之后，第四位面试者即使比前三个只好了一点儿，也会让考官有眼前一亮的感觉，对他的印象自然就会比前三个好很多；反之，如果连续面试了三位表现很好的面试者，接下来的一位就算表现得很不错，考官也会觉得平平无奇。

在这里，我们不得不提到“首因效应”。第一位面试的面试者要比其他面试者更加慌乱，大多数人在参加比赛时也都不希望自己第一个上场，就是因为第一个上场总是会给人留下最深刻的印象。表现好了，那就是“全场最佳”，但是万一砸了，就是“全场笑话”。虽然可以凭借面试官的经验和阅历避免此种影响，但一般面试的时间并不长，还来不及消除就会做出决定，所以，首因效应带来的压力会很大。

除了第一个人有压力，最后一个人往往也会有压力，这是因为“近因效应”的影响。除了第一个面试的人，其他面试者都已经忘得差不多了，最后一个面试者是记得最清楚的，所以也会给面试官留下深刻的印象。

还有其他的因素，比如面试官的疲劳度，尽管对我们来说面试只有十几二十分钟，但是面试官每天需要考察数十位面试者。一天下来，便会身心疲惫，况且每个面试者问的问题都差不多，难免会有厌烦之感，造成主观评价不准确也是无可厚非的。

针对顺序效应的弊端，我们应该更加规范面试的流程，力求取得最客观公正的面试结果。首先，在面试之前，应该严格培训面试官，大企业经常会聘请外部资深的培训师对面试人员进行培训，通过培训面试官，让他们学习提问的技巧、追问的技巧等，可以在一定程度上避免个人知觉偏差对面试造成的影响。

同时还要给面试官培训心理学相关的知识，特别是本章的“顺序效应”，让他们能够了解背后的原理和危害，防患于未然。在顺序的安排上，也需要进行一些处理。我们可以参考心理学实验中的平衡方法。可以将面试分为两部分并在两天进行，第一天按照随机顺序面试一批面试者，第二次再将这批面试者的顺序颠倒，完成另一次面试。这样就可以消除“首因效应”“近因效应”的影响，当然，这样会给面试官增加工作量，但比起公平性而言，还是后者更重要一些。

面试官们对评分的要求了如指掌，在理论上是可以进行评分的，但是最终的结果并不一定总是如我们所愿，面试官的喜好、品行、素质、情绪还有顺序效应等因素都有可能影响到评分。看过本书的人能够通晓其中的道理和利害关系，可面试官们不一定都熟知心理学，所以培训时一定要将其中的心理学知识讲清楚，特别是以下几点：

第一，克服第一印象。影响面试的最大因素莫过于第一印象，一定要提前防范。就算是高考阅卷老师，也不免对卷面整洁、字迹清秀的试卷多加几分印象分，面试者的长相、性格等因素几分钟内就能让人形成对他们的完整印象，如果这个时候直接做出评分，一定会出现问题。一定要等到每一个问题都回答完且综合考量之后，再做出客观、全面的评分。

第二，对他人的知觉要客观全面，避免联想效应。当一个面试者表现出某方面的特长或者之前成功做过一件事时，一定不能想当然地认为他其他方面也都不错，而要在面试结束后再做决定，避免主观主义、经验主义。除了要考察面试者的言谈，还要观察其表情、动作，还有一些外在情绪背后的动机、价值观念，以便做出客观公正的评价。

第三，避免对面试者造成影响。面试官最重要的就是要客观，不能带有主观偏好，否则不仅对面试者是一种影响，同时还会损害自身的专业性。比如，面试官的表情不能过于丰富多变，大多数面试官是没有表情的，因为在特定情境下，表情信息会给面试者带来压力。

总之，面试官的主要责任是要在短短的十几二十分钟之内尽量地了解面试者的所有情况，所以面试官应该帮助面试者更好地把自己完整地展现出来，帮助他们克服一些因素，特别是要注意顺序效应的影响。

晕轮效应：
“脑补”的内隐人格

“晕轮效应”还有一个名字，叫作“光环效应”。不管是晕轮还是光环，都是从“Halo”这个单词翻译过来的，这个词的本意是指太阳、月亮周围的那一圈光晕。当我们对某人的一个特征形成好的或者坏的印象之后，就会倾向于对他其他方面的特征做出相同的判断，就像晕轮一样向周围弥漫和扩散，爱屋及乌就是这个道理。

晕轮效应最早是由美国著名心理学家桑代克于20世纪提出。在一些研究中，他发现了一个有趣的现象：人们对他人的认知和判断往往只是从局部出发，像光晕一样，从一个中心点逐步向外扩散，成为一个越来越大的圆圈，从而得出对他人的整体看法，晕轮效应的名字也就此诞生了。

看起来是爱屋及乌，实则是以偏概全，特别是对不熟悉的人或者带有强烈情感倾向（比如特别喜欢或者特别讨厌）的人进行评价时，晕轮效应就会特别大。如果我们认为他的某一点是好的，那么他其他的方面也都会被我们认为是好的，但实际上其他的方面我们根本不了解；反之，只要他有一点儿被我们认为不好，那他其他方面也都会被我们贴上不好的标签。

美国心理学家凯利用实验证实了这一效应。凯利找来麻省理工学院两个班的学生，在上课前，他向学生们宣布，这节课由一名研究生来代课，然后介绍了这位研究生的几个特点。他告诉其中一个班的学生这位研究生具有热情、勤奋、务实、果断等品质；而在另一个班的介绍中，则将热情一词换成了冷漠，其他别无二致。结果下课之后，第一个班的学生就与研究生熟络了起来，和他一起亲密地交谈；第二个班的学生却对他敬而远之，保持距离。

仅仅是一个介绍词不同而已，竟然会导致学生对老师的态度截然相反，原因就是学生们根据这个词对老师做出了以偏概全的判断，就像戴上了有色眼镜，无法得出客观全面的结论。

为什么人们明明对他人不了解，还要做出以偏概全的判断呢？这和我们知觉的特性有关。我们之前介绍过知觉，比起感觉，知觉是对感觉属性的概括，能够反映出事物的意义，其中包含着思维的因素。知觉有四个基本特性：整体性、恒常性、理解性和选择性，晕轮效应便和知觉的整体性有关。

当我们知觉事物时，我们不是将事物的所有特性都知觉到了才做出判断的，而是知觉到了其中一部分，我们便能弄明白整体的情况，因为我们知觉的对象的各种属性和部分是有机联系在一起的，所谓“窥一斑而见全豹”。就像对于我们熟悉的人，我们听到他的声音就能认出他是谁，甚至有时候根据脚步声都能判断出来，因为以我们对对方的了解，只需要抓住其中一个线索，其他的方面我们便能自动“脑补”出来，形成一个完整的印象。但是如果碰到的是一个陌生人呢？我们没有办法根据经验做出判断，就只能依靠我们的观察来做判断，外表、谈吐往往是最先被观察到的。对于那些外表好看、谈吐有礼的人，往往让我们觉得他的其他方面也都是好的，我们就会得出这是一个好人的整体印象，这就是知觉的整体性起到了作用。

还有一种解释和内隐人格有关，人的各种品质之间大多都有内在联系。比如热情的人往往易于相处、乐于助人、谈吐幽默，而冷漠的人往往和难以相处、不苟言笑、独来独往联系在一起。所以，当我们了解到了其中一个品质时，就能够顺带着将内隐的其他品质给自动“脑补”出来，形成晕轮效应。

晕轮效应最大的弊端就是以偏概全，容易造成误判。只抓住了事物的个别特征，这是由个别推及一般，得出的规律其实只适用于特例；好的就全盘肯定，坏的就全部否定，容易造成主观主义；将本无内在联系的一些品质强行联系在一起，推此及彼，造成随意性。如果任由晕轮效应发展下去，一定会造成负面影响。

追星现象在今天非常普遍，粉丝们不理智的行为造就了一大批“脑残粉”。其实，用晕轮效应来解释就完全可以理解他们的不理智行为了，正因为偶像在他们心目中被知觉成了完美的形象，所以粉丝们才会无法接受任何说他们不好的话，才会为此誓死捍卫偶像的完美形象。

但是，世界上哪有完美的人呢？何况偶像离他们的生活这么遥远，他们也不太可能在接触偶像之后才了解他们。也就是说，他们是仅凭偶像表现出来的一些好的方面去推论其他方面，他们追的只是他们自己知觉出来的那个完美形象，或者偶像营造出来的一个完美“人设”。反之，如果某个讨厌的明星有某些缺点，便会被放大到他整个人身上，被人骂得一无是处。

晕轮效应最成功的应用莫过于广告营销了，请一个具有某一项成功之处的人来做广告，人们会自动把他在那一项上取得的成功延伸到广告产品上来。如果这个成功人士正好是个名人，那正好可以和名人效应的作用叠加起来，广告的效果会更好。

所以，我们会看到奥运冠军代言的零食、知名钢琴家代言的牛奶、国际超模代言的手表……实际上他们和这些产品并没有直接关系，只不过他们身上的某些优秀品质被放大到了代言的产品上面。

阿迪达斯公司就非常擅长利用这一策略。阿迪达斯走向世界的契机是1936年的奥运会。这一年，公司创始人阿迪·达斯勒突发奇想，设计了一款带钉子的短跑运动鞋，但是怎么把广告打出去呢？后来他听到一个消息，美国短跑名将欧文斯最有希望在奥运会上夺冠，于是他便把钉子鞋送给了欧文斯试穿。结果欧文斯果然在比赛中大放异彩，获得了四块金牌。在人们纷纷关注他的时候，他脚上穿的鞋也就成了所有人的焦点。自那次成功的奥运会营销之后，这种名叫阿迪达斯的运动鞋开始畅销世界，特别受到短跑运动员的青睐，这与欧文斯的作用密不可分。

所谓“知人者智，自知者明”，了解别人可不是一件容易的事。广告营销到最后都是在经营人性，只有洞悉人性的广告，才能够深入人心。

人际吸引律：
我们喜欢和什么样的人交往

人际吸引，可以说是一门非常复杂也非常有意思的学问。

什么是人际吸引？人际吸引是个体和他人在情感上相互依恋的一种状态。根据吸引程度的不同，从小到大可以分为亲合、喜欢和爱情。

“亲合”这个词我们不常用，它出自《六韬·文韬·文师》：“情同而亲合，亲合而事生之。”意思是情感相投就能够亲密合作，亲密合作就能够把事情完成。

人际吸引，一直是社会心理学家关心的课题，恋爱心理学、爱情心理学这类新学科就是对这些课题的深入研究。

我这里介绍的是美国著名心理学家斯腾伯格的“爱情三因素”理论。斯腾伯格，可谓现代心理学界的“大牛”，他于1972年获耶鲁大学心理学学士学位，1975年获斯坦福大学博士学位，现任耶鲁大学心理系教授，美国心理学会普通心理学分会和教育心理学分会主席，兼任《心理学学报》《美国心理学杂志》《教育心理学杂志》《人类智力国际通讯》等刊物编辑。

除了爱情三元素理论之外，斯腾伯格在智力研究领域也取得了非常重要的成就，提出过“智力三元论”“成功智力理论”，等等。

爱情三元素理论也叫爱情三元论、爱情三角理论。这三个元素也就是爱情的三个基本成分，分别是亲密、激情和承诺。亲密是指两个人之间相互依恋；激情是一种情绪上的冲动，和生理欲望有关；承诺的英文是Commitment，也可以翻译为忠诚，是一种决定和对方在一起的期望和守护，和激情相反，这是一种理性的成分。

这三种基本元素也可以单独作为三种感情，比如亲密，没有激情和承诺，这叫友情，非常亲密的也可以发展为喜欢，但是不可能是爱情；只有激情，没有亲密和承诺，单纯觉得对方很有魅力，没有亲密的接触，也没有对未来的考虑，这是一种受本能牵引的不成熟的感情；只有承诺，没有亲密和激情，有人就是这样踏入婚姻然后度过一生的，这是一种“空洞”的爱情，徒有其表，缺少内容。

这三个元素两两组合可以升华成一种全新的感情。亲密和激情结合，是一种“罗密欧与朱丽叶”式的爱情，不在乎天长地久，只在乎曾经拥有，结局不一定美好，但过程一定很浪漫；亲密和承诺结合，是一种伴侣式的爱情，更像是老夫老妻之间的那种亲情，因为随着年华流逝，激情总会褪去，日子虽然平平淡淡，却也能够达到永恒；激情和承诺结合，是一种不可取的爱情，没有亲密关系的激情只不过是生理上的互相消解，此时的承诺也不过是一张永远无法兑现的空头支票。

多少人期待的完美爱情，正是由亲密、激情和承诺三者组合而成，缺一不可。在斯腾伯格看来，上述六种情感都不是真正的爱情，只有三种元素完美结合才是实质的爱情——真正的爱情。只不过，现实中能满足这三种基本元素的爱情能有多少？所以，他才会把这样的爱情称之为“完美”——爱情的理想状态。

我们都有寻找爱情的美好愿望，按照上述理论，现在我们就知道要从哪里开始努力，从只有亲密关系的亲合，到加入激情的喜欢，再到加入承诺后的爱情，这是一个循序渐进的过程。当然，也有人是先有激情，然后才有的亲密关系。这种情况是如何出现的呢？这是单独一方在追求异性过程中出现的情况。他们对一个人一见钟情，然后想办法和对方相识、相知、相恋、相守，这是一种理想状态。

人际吸引律告诉我们，在人际交往中，只有具备了对一个人积极和正面评价的心理倾向之后，才会产生深入交往的意愿和要求。也就是说，要想和对方进一步发展关系，前提是对方觉得你是好人，没有人会和一个他（或她）觉得不好的人继续接触。

在这样的前置条件之下，我们便会精心打扮、言谈举止得体、提升学识和修养，做出各种努力，让喜欢的人对我们产生积极正面的评价……如此，他们才会喜欢我们。

好的爱情一定是充满正能量的，爱情里的我们会越来越好；反之，如果爱情让人越来越堕落、越来越痛苦，那一定不是真正的爱情。

人际邻近律：
你为什么最喜欢和同桌玩

人际邻近律，意思是说我们更容易喜欢上在空间上离我们近的人。这不难理解，回想一下我们的学生时代，我们在班上交的第一个朋友是不是我们的同桌？是不是“睡在上铺的兄弟（或姐妹）”跟我们的关系更好？因为空间更近，可以在第一时间交流、玩耍、互相帮助，才有可能形成更亲密的关系。

俗话说“远亲不如近邻”，说的也是人际邻近律——从血缘关系上来说，离得远的亲戚肯定要比近邻更亲密一些，但在日常生活中，我们与近邻见面、交流倒是更频繁一些，万一有个照顾孩子、收个快递的事情，也都是近邻互相帮助，即使是亲人也“远水救不了近火”。

美国心理学家费斯廷格就做过这样一个近邻小实验。

费斯廷格对麻省理工学院17幢住宅楼里的已婚学生进行了一项调查，调查对象是住在某些房间的学生，调查的问题是：在这个居住区中，和你经常打交道的邻居是谁？结果显示，居住距离越近的人，交往的次数越多，关系也越亲密。在同一楼层，和隔壁的邻居交往的概率是41%，和隔着一户的邻居交往的概率是22%，和隔着三户的邻居交往的概率只有10%。

现在我们再看男女关系，人际邻近律是不是也有效呢？美国心理学家康恩就做过这么一个实验，同样也非常简单，但是进一步证实了人际邻近律。这个实验测试的是，当一个人与异性谈话时，会对多远的异性产生好感。被试者被带到谈话场景中，假设这一被试者是男生，那么他就被安排与两位女性谈话，一位女性坐在距离他五十厘米的沙发上，另一个坐在离他两米远的椅子上。谈话时，两位女性的态度是一致的。结果，就像我们预料的那样，被试者会对离自己比较近的异性产生更多的好感。俗话说“近水楼台先得月”，虽然是一句玩笑话，但是有它的道理。

人际邻近律在生活中有非常广泛的运用，用好了能帮助我们建立起良好的人际关系。比如，心理咨询师是帮助人们解决心理问题的一个职业，既然咨询师要尽量深入地了解来访者的心理状况，那么他就得获得来访者的信任，除了态度真诚以外，距离的亲近也是一个很重要的方式。

在心理咨询室中，咨询师和来访者的座位摆放是非常有讲究的，第一是离得比较近，但不会紧挨着，这是在无意中拉近和对方的关系。第二是倾斜一定的角度，让来访者不用面对来自咨询师的直视，以免对来访者造成压力。

再比如一个商场销售人员，对方在给你推销东西的时候凑在你旁边说这个说那个，便会让你放下防备心理；又比如，老师叫学生到办公室里来谈话时，彼此距离比较近，或者拍拍学生的脑袋，都能让学生更加信任老师……总之，这类需要和人打交道的工作，如果能够拉近和对方的关系，就有利于工作的推进，如此人际邻近律就派上了用场。

在与异性相处时，空间上的邻近也可以制造出更多的表现机会，相应的，对方就有更多的机会发现你的闪光点，你们之间发展出亲密关系的概率也就更大。但是，需要注意的一点是，人际邻近律只适用于关系建立的初期，也就是与不熟的人运用此定律。随着时间的流逝，大家都逐渐熟络了，人际邻近律就会逐渐失效。

从这一点我们又可以引申出一点需要注意，那就是第一印象。正因为建立关系的初期，大家互不了解，所以这时第一印象就会非常重要，这将直接决定彼此能不能深入交往。而对于第一印象，一旦留下了就很难改变，这也叫作首因效应。所以，有的男生会很郁闷，为什么我天天在心仪的女生面前表现自己，对方就是对我视而不见呢？实际上，这是因为她对你的第一印象不好，你出现再多次也没有用。

人际邻近律只有在人际交往刚开始时可以发挥重要作用，到了深入交往阶段后，双方对彼此的爱好、性格、脾气等有了了解，距离的远近就没那么重要了。距离毕竟是表面的东西，我们喜不喜欢一个人还是要看这个人的内在品质。距离近固然能够抢占先机，但是感情的培养是长期的，不断地维护、经营彼此的关系，显然更加重要。

人际相似律：
我们不一样，能在一起吗？

人际相似律的原理很简单：人和人之间的相似性会增加彼此的吸引力，进而建立更深的人际关系。这里的相似可以是外表上的，可以是共同的经历，比如来自同一城市或者学校，都在某个公司工作过，也可以是兴趣爱好、性格品质、价值观念，等等。

在上学时，我们会发现，成绩好的同学们会在一起玩，喜欢打球的男生们会在一起玩，喜欢追剧的女生们会在一起玩，人际相似律也是造成“物以类聚，人以群分”的重要原因。因为跟和自己相似的人交往，他们会肯定我们的相似之处，更容易与我们达成一致。所以，在彼此交往的过程中，由于彼此的不一致而产生矛盾的可能性就更小，相处就会更加融洽。

这些相似的人组成群体，可以增加彼此的认同和信任，团结一致对抗来自外界的压力，这样的群体会增加成员的归属感和安全感。所以，当我们刚进入大学的时候，迎接我们的不是同院系的学长学姐，就是老乡会的成员，邀请我们加入他们的群体，他们也就成了我们进入大学后交的第一批朋友。

美国心理学家纽西姆做过一个实验来验证人际相似律，他让17名互不相识的大学生同住在一间宿舍中，对他们的亲疏变化进行跟踪调查。结果发现，在刚认识的时候，空间距离的远近决定了彼此的亲疏关系，也就是上一节说到的人际邻近律；而随着时间的不断推进，那些在价值观念、性格品质上相似的人，在研究结束时成了亲密好友，这就是人际相似律发挥的效用。

很多会交朋友的人，很会利用人际相似律。他会在认识一个新朋友时，便问他“年纪多大”“家乡在哪里”“之前是做什么的”之类的问题，就是为了找到二人更多的相似之处，以拉近彼此的关系。在交谈的过程中，对方说到他的一个想法时，他会表达出“我也是这么想的”；对方说某一段经历时，他也能找出与对方类似的经历和他分享……不知不觉中，双方的关系就会越来越深入。

有个心理学家做过相关的实验，他特地找来一些持有相同和不同政治观点的学生，其中有男生，也有女生，安排他们配对之后聊天，以加深了解。在“约会”进行了四十五分钟之后，他邀请每个人为“约会对象”的喜爱程度打分。果不其然，那些持有相似政治观点的“约会对象”，彼此间的喜爱程度更高。此外，针对已婚伴侣的调查研究也显示，性格越相似的夫妻，其日常相处越和睦，婚姻的满意度远高于性格不同的夫妻。

戴维·迈尔斯在他的著作《社会心理学》中写道：“相似性产生满足感。”这句话怎么理解呢？

我们回顾一下之前提到过的马斯洛的需求层次理论：第一层是生理

需求，第二层是安全需求，第三层是归属需求，第四层是尊重需求，第五层是自我实现需求。亚里士多德说，人类是“社会性动物”，人和人之间建立亲密关系能够让我们更好地生存和延续下去，所以我们天生就有安全和归属的需求，并不是说我们生理需求满足之后才会出现更高层次的需求，而是在生理需求更重要的时候，高层次的需求会让位于它，优先满足低层次的需求。而与我们相似的人正好可以满足我们的安全和归属的需求，所以说“相似性产生满足感”，人际吸引的根源就是个体的安全和归属需求。

相似性引发喜欢，反之不相似也会引发不喜欢。我们很难去喜欢一个总是和我们唱反调的人，因为容易引发矛盾，没有人会喜欢生活在矛盾中。为了生活更顺利、更和谐，也为了省却解决矛盾的麻烦，大家都倾向于和自己相似的人相处。这样就会产生一个后果，那就是偏见。为什么会产生偏见呢？因为我们不会喜欢和我们不是同一群体的人。

把对方看作和我们相似还是不相似，是由我们自己主观决定的，并不是客观的。如此，我们就会明白，为什么有些三观不一致的人还是会结婚，那是因为他们把对方看作相似之人，但是却需要忍受矛盾不断的婚姻生活。有时候，知道自己的缺点，找一个和自己有相同缺点的人，相处会更融洽。这就是“找一个好的人，不如找一个对的人”的道理。

人际相悦律：
想被爱，先爱人

“人际相悦律”，指的是人们会喜欢那些喜欢自己（或者可能喜欢自己）的人。

确实如此，喜欢通常是相互的，因为我们天生就有归属和尊重的需要，当我们需要被喜欢、被接纳的时候，第一个想到的人自然是喜欢我们的人。

戴维·迈尔斯在《社会心理学》一书中提到过一个实验，研究证实：如果告知某个人他们被人喜欢和仰慕时，他们就会产生一种回报的情感，这也可以用来解释人际相悦律。

从某种程度上来说，人际相悦律比相似律和互补律都要实用，因为我们不需要具备其他的条件，只需要我们去喜欢别人就可以了。虽然这样说好似有点随意，因为别人回应我们的感情并不是一件绝对的事，肯定还需要其他条件的助推，但这样说更容易理解一些。

还是那个最显而易见的道理，人们都喜欢给自己带来愉悦感的人。或者说，至少对这样的人讨厌不起来。只要明白了这一点，就能在人际交往中发挥巨大的作用。所谓“己所不欲，勿施于人”，我们可以反过来使用——“己之所欲，施之于人”。也就是说，要想让别人喜欢我们，我们就应该“先发制人”，主动地先喜欢别人。

人际相悦律被成功而广泛地运用于营销领域。一个成功的销售员其实不是在推销产品，而是在推销自己。著名的销售专家伍布奇在谈到一个优秀的销售员需要具备哪些素质时说道：“销售员必须了解自己的产品，并且对产品有信心，工作勤奋，富有热情。但是，其中最重要的一点是他一定要喜欢别人。”因为销售员推销什么产品他自己是无法决定的，他不能保证人们就需要这个产品。但是，他自己可以决定的一点是——当顾客对他这个人产生好感时，自然就会愿意听他推销手上的产品。

伍尔奇的话没有错，销售员一定要先喜欢他的顾客，以此来换得顾客对他的喜欢。被称为“世界上最了不起的卖车人”的乔·吉拉德的成功秘诀也是如此——为了得到顾客的喜爱，他甚至会去做一些看起来吃力不讨好的事情。

每个月，乔·吉拉德都会给他的1.3万名顾客寄去问候卡片，卡片上只写着一句话“我喜欢你”。就是这样一个办法，让他平均每天卖出5辆车，年收入超过20万美元，创造出连续12年销售第一的奇迹。其实这并不是一个多高明的方法，但乔·吉拉德无疑洞悉了人性，而且每月如此，从不间断，成功地将自己“推销”了出去。

试想一下，如果我是他的顾客，我每个月都能准时收到他送的“我喜欢你”的卡片，我会有多么愉悦。当我想要买车的时候，第一个想到的一定是这个每个月给我带来快乐的销售员。

不管我们从事什么职业，都要学会推销自己，让别人喜欢自己是非常重要的，甚至会给我们带来意想不到的好处。要想让他人喜欢我们，就需要我们做到如下几点：

第一点，我们要学会赞美别人。卡耐基说过："不管是屠夫，或是面包师，乃至宝座上的皇帝，统统都喜欢别人对他们表示好意。"没有人会不喜欢听赞美他的话，用心理学上的话来说，这满足了个体的受尊重的需求。多赞美别人，少说一些不好听的话。反过来，也没有人会喜欢对自己恶言相向的人，所以不好的话要少说，能不说就尽量不说。

第二，赞美别人不等于"拍马屁"，虽然"拍马屁"也能够很动听，让人听了很满足，但那不是真实的夸奖，而是刻意恭维。当然，很多人因此而左右逢源，但是如果想换来的是别人的真心对待，最好也用真心对待别人。这就需要我们培养自己"发现美的眼睛"，要能够发现别人身上的闪光点，真诚地表达喜爱和仰慕之情。语言不需要过于夸张，但是态度要足够真诚。就像那句简单的"我喜欢你"，这张经年累月、从不迟到的卡片，就足以表达真诚之意。

反过来，我们也要警惕。因为夸奖带来的愉悦总是容易让我们飘飘然，那些能说会道的销售员总能把我们夸得心花怒放，不知不觉就掏了腰包；花言巧语的追求者让我们陷入浪漫又唯美的爱情假象中，不知不觉就敞开了心扉；还有能把套路说得天花乱坠的各路骗子……

心理学本身并没有什么好坏之分，但使用者却有好坏之分。我们不能寄希望于坏人都不懂心理学，或者直接消灭心理学，我们只能多学习一点儿心理学，让自己不要被自己不懂的东西欺骗。当然，我还是希望心理学可以一直发扬光大，让世界上更多的人懂心理学、懂自己。

人际互补律：
我和世界只差一个你

与人际相似律正好相反的效应，即人际互补律：我们会被和我们在需求、能力、性格、气质等方面互补的人所吸引。互补可以分为两种：一种是需求和能力的互补，另一种是性格和气质上的互补。前者很好理解——我们每个人都不是全能的，我们总有无法满足自己需求之处，或者自己能力欠缺的地方，所以，在这种情况下，如果碰到一个正好和自己能力互补的人，自然就会被对方所吸引。

试想一下，如果自己不会的东西，对方正好是强项，在他展现这种能力的时候，他在我们眼里一定是最有魅力的，在别人眼里就不一定了，因为别人说不定也会。也就是说，彼此存在差异的双方要在关系中能够取长补短，获得一定程度上的满足感，才可以互相吸引。

性格和气质上的互补，最典型的就是一个控制欲很强的人和一个依赖性很强的人互补，他们会相处得非常融洽，从前面的内容我们就知道了，相处融洽才能建立更长久、更深入的人际关系。但是，这种性格和气质上的互补需要一个前提，就是在价值观上一致。

人际互补律并不像相似律一样广泛存在，但是也有其重要意义。基辛格曾有一句经典的话："我喜欢权力，因为它能吸引女人。"这就是利用了互补律。生活中，我们经常会发现：一个事业有成的丈夫背后总有一个贤惠顾家的妻子；一个非常有才华但不帅的男子，他的女朋友反而很美；性格暴躁总是唠叨的母亲，和身边性格温和、沉默寡言的父亲过了一辈子；大大咧咧的女生和娇滴滴的女生成了莫逆之交……对于这种现象，心理学家给出了一种解释，这种互补关系源于人类追求**完整自我的追求**。

弗洛伊德是心理学的开创者，也是精神分析学派的创始人，他的著作《梦的解析》和达尔文的《物种起源》、哥白尼的《日心说》被并称人类三大思想革命之作，在心理学史上留下了浓墨重彩的一笔。

这里我们要介绍的人物和弗洛伊德有很大的渊源，他就是瑞士心理学大师，同时也是弗洛伊德的学生——荣格。荣格曾经和弗洛伊德关系非常亲密，一同研究并推广精神分析学说长达六年之久，但是，因在学术理念上发生严重分歧，两人最终分道扬镳。后来，荣格也创立了自己的学说，即我们接下来要介绍的"影子人格"理论。

"影子人格"是荣格首次提出的一个名词，灵感源自一个美丽的希腊神话。在远古时代，人类并没有男女之分，而是一种雌雄同体的生物，叫作"男女"。每个人有四只手、四条腿、一颗头和两张脸。他们天天在人间捣乱，奥林匹斯山上的众神为此非常烦扰。于是，宙斯将人类撕成两半，每一半有两只手，两条腿。被分开的"男女"非常痛苦，急切地寻找自己的另一半，想和对方"破镜重圆"，找到之后就一直抱在一起，希望能够重新变成一体。后来，世间上的男女就终其一生寻找自己的另一半。

荣格认为，每个人都有“显性”和“隐性”两种不同的人格，表面上这个人乐观开朗，实际上他的内心却有着自卑抑郁的一面，那个通常被隐藏起来的人格就是我们的“影子人格”，它深藏在我们的潜意识深处，往往和我们表现出的人格特点截然不同，所以我们在意识层面无法将它准确地感知和表述出来，但是却会产生一种莫名的熟悉和亲近感，就像《红楼梦》中贾宝玉初见林黛玉时所说的那句“这位妹妹我见过的”。

荣格还提出了“情结”概念，指出“情结”是一群重要的无意识的组合，或是一种隐藏在人的潜意识中的强烈的冲动。而“影子人格”的来源之一，就是我们在成长过程中逐渐积淀在潜意识里的各种情结，是一种说不清道不明的东西，最终形成了我们内心的“影子人格”。

也许，你原本一直都没有意识到“影子人格”的存在，但是有一天，你却突然发现一个似曾相识的人，仿佛自己内心深处的那个藏了很久的人格有了具体的形象，心中便会自然而然产生一股冲动，让你想去了解他、亲近他。于是，人际互补律就起效了。

现在我们回到人际互补律和相似律的关系上，两者看似矛盾，实际上却是密不可分的。正如上文所说，互补的前提是在价值观上的一致。也就是说，在三观这种大方向上需要保持一致，但是在能力、爱好、性格、气质这些个人风格上却可以截然不同。所以，相似律和互补律不是截然分开的，而是需要结合起来看的。

其次，这两者虽然并存于人际吸引中，但是重要程度却不完全相同，具体情况需要具体分析。大多数情况下的交往活动都是以平等的地位进行的，此时，相似律更为重要；但是，也有两个人地位和作用不一样的情况，比如一个是赚钱养家的丈夫，一个是照顾家庭的妻子，此时互补律就更加重要了。

人际交往是一门大学问，这两大定律已经能够帮助我们处理绝大多数情况了，但也需要我们灵活思考、随机应变。人际相似律和人际互补律可以总结为一个道理，就是人们总是会被带给自己愉悦感的人吸引，这种愉悦感可以来自相似之人的气味相投，或者互补之人的相互成就。

人际互动效应：
投我以桃，报之以李

“人际互动效应”其实说起来非常简单：人际交往中一方给予另一方奖惩、恩怨，另一方会产生相应的奖惩、恩怨作为交换。正如《诗经·木瓜》中的诗句：“投我以木瓜，报之以琼琚，匪报也，永以为好也；投我以木桃，报之以琼瑶，匪报也，永以为好也；投我以木李，报之以琼玖，匪报也，永以为好也。”便是古人对人际互动效应的生动描述。

自古以来便有“投桃报李”之说，要是真的去追溯人际互动效应的源头，我们还得从远古时期的人类祖先说起。在这里，我又会提到进化心理学。

在前面的内容中，我已经将进化心理学的核心内容讲得差不多了。我们在进化中形成的心理机制是为了更好地生存和繁衍，就是说，更好的资源我们肯定会留给自己和自己的家庭成员。所以，人类应该是“自私自利”的。那么，为什么人与人之间还会出现“投桃报李”的利他行为呢？

因为，人类是具有智慧的高级动物，我们不会只顾眼前利益，我们会居安思危，会考虑到今后的生活。要想在充满危险的大自然里生活，光靠个体的力量是不够的，我们必然有需要他人帮助的时候。但是，别人也是自私的，为什么要帮助我们呢？于是互助互惠就成了一种生存的法则，别人给我以“桃”，是对我好，是希望我也对他好，正好我也希望他继续对我好，自然就给他以“李”。

在这种良性的人际互动中，人群之间就结成了良好的关系，结果当然是共赢的。所以，参与了互助互惠的人类比单打独斗的人更具备生存优势，于是这种心理机制便遗传了下来。当然，也有不知回报甚至以怨报德的人，这样的人违反了人际互动效应，会遭到他人的排斥，甚至以牙还牙的报复。

在动物的身上，也可以找到类似互惠式的例子，以验证上述进化心理学的说法。例如，吸血蝙蝠是靠吸血为生的，但是有的蝙蝠可能没有采集到血液，于是其他蝙蝠就会回吐血液给这些蝙蝠。作为回报，当它下次也没有采到血液的时候，也可以从其他蝙蝠那里得到“补给”。只接受其他蝙蝠的血而不回报的蝙蝠，就会被蝙蝠群体记住，下次再进行这样的互助时，就会把它排除在外。

人类也一样，人们帮助那些曾经帮助过我们的人的概率会更高。所以，有的时候，我们遇到困难却孤立无援的时候，是不是应该反思一下自己，自己过去是否太过自私了？之前别人遇到困难的时候自己是不是缺席了呢？

人际互动效应比之前的邻近律、相似律、互补律、相悦律的视角更广，运用范围也更大，因为小到朋友、异性之间，大到群体、国家之间，互动效应都有广泛的效用。对个人来说，除了要乐于助人这种老生常谈之外，最重要的是要常怀感恩之心。

每个人的生活都不容易，充满了各种困难、磨砺、压力、竞争、挑战……每天，我们都在为生计奔波。久而久之，一些人的内心逐渐被负面情绪所占据。最典型的表现莫过于习惯性抱怨：为什么我不能出生在有钱的家庭？为什么我的努力总是得不到回报？为什么遇到的所有人都对自己这么冷漠……越抱怨，就越容易让自己在负面情绪中陷得越来越深。渐渐地，一些人的不幸就会被越放越大，其得到的和拥有的东西就会被忽视。

这样的生活方式和处世态度只会让我们徒增烦恼，并不会使得现状有任何好转。所以，我们不妨换一个心态，把关注点放在我们有的东西上，而不是没有的东西上。要明白：没有的东西要么和自己无关，要么就是还没有得到，前者想它也没用，后者不用急于一时。

权威效应：
我们是如何被说服的

我们都曾在说话和写文章时引用过名人名言和典型事例，比如，我在这本书里就引用了很多著名人物的言论和经典心理学实验，其实，我的目的很简单，就是为了让我的观点更加有说服力，所以我会让权威人士来帮我“背书”，这就是利用了“权威效应”。

那些德高望重的人说出的话会更权威、更受人重视，也更有可信度，这就是“权威效应”的主要内容。

人们会更愿意听从权威人士说的话，有其原因所在：

第一，安全心理。权威人士之所以成为权威人士，说明人家在某些领域是颇有造诣的，也就是大家所说的专家，我们普通人哪有专家懂得多？所以，权威人士说出来的话会更让人放心。

第二，赞许心理。人们认为权威人士的说法总是符合社会规范的，听权威人士的，那我们和社会规范就一致了，如此我们就会获得赞许和表扬。如果其他人都听权威人士的，只有我一个人唱反调，那我被其他人排斥该怎么办？

第三，怕麻烦心理，那么多问题都得自己去想办法解决，这多累啊！听权威人士的话，省事又省心。

所以，这三点总结起来就是：怕出错、怕被骂、怕麻烦。

大多数情况下，我们听从权威确实可以让我们少犯错，并得到更多赞许，还可以省去很多麻烦。但是，这也有一个很严重的弊端，就是让我们不能坚持自我。

苏格拉底闻苹果的故事，大家可能都听过：有一天，给学生上课时，苏格拉底拿着一个苹果从每个学生面前走过，让学生们仔细闻一闻空气中的味道。然后，苏格拉底问所有人："有哪位闻到了苹果的味道？"没过一会儿，一个人站了起来说他闻到了，苹果很香。苏格拉底接着问："还有哪位闻到了？"学生们互相看着，默不作声。

于是苏格拉底又拿着苹果从每个学生面前走了一遍，又说一遍让他们仔细闻。随后，当他再问的时候，大多数学生都举起了手。

苏格拉底第三次从学生们面前走了一遍，然后再问。结果，除了一位同学以外，其他人都举起了手。苏格拉底笑着问："大家都闻到了什么味道？"除了那位没举手的学生，其他同学都异口同声地回答道："苹果的香味！"

最后，苏格拉底问那个唯一不举手的学生为什么不举手，这个学生诚实地回答道："我什么也没有闻到。"

苏格拉底这时收起了笑容，告诉了大家真相——这其实是一个假苹果，确实一点儿味道都没有。

即便事实非常明确，但是，在权威人士的巨大影响力下，大多数人无法坚持最初的自我，而选择了听从权威的话。

为什么会发生这样的事呢？我们研究一下我们是如何被说服的。说服的过程需要四个要素：信息的传达者、信息的内容、沟通的渠道和听众。我们这里只需要聚焦于信息的传达者，也就是发言人。那么，怎样传达才会更有说服力呢？

首先就是可信度，可信度又可以从三个方面来做文章：

第一个方面是专家性，即我们所说的权威。专家（权威）通常是怎么说服的呢？

第一，传达听众赞同的观点。当他说出我们本来就认同的观点时，我们通过以前的经验加以印证，然后便会觉得他很可信；

第二，以专家的身份介绍。专家如果没有了头衔，只剩下一个名字，可信度就会大大降低。当然，不排除名字就足够代表专家身份的人，比如爱因斯坦、霍金等；

第三，自信的表达。很难想象一个畏畏缩缩、说话吞吞吐吐的人能让人信服，即便他真的是个专家，我们还是不敢相信。

这三点便是专家很容易说服听众的原因。

其次，要想说服对方，得让对方产生信赖：

一种情况是，当我们觉得对方不是在刻意说服我们的时候，我们往往更容易被说服，即说服不需要刻意和努力，自然和不经意的说服效果最好。

还有一种情况是，当对方站在自身利益的对立面来陈述的时候，我们会更容易相信他，因为他完全不是为了自己的利益，我们便会觉得这样的人值得信任。

当专家性和信赖性都有了，你也可以去试着说服别人了。当然，我们还有两个加分点，如果你刚好有的话，那对你的说服就会更有利。

第一个加分点是吸引力，如果你的外表非常有魅力，那无疑是让人无法拒绝的。相似性也能够产生吸引力，这会让对方觉得和你更加亲近，当然也难以拒绝你；第二个加分点就是偏好了，对方是你的铁杆粉丝，你说什么他都支持，这就是偏好。

知道了权威效应的原因和套路之后，我们也就明白了为什么权威有存在的意义。我们只需要保持思考的习惯、坚持自己的观念，权威效应也就没有那么强大的影响力了。

能够不轻易被权威说服，还能说出和权威不一样的看法，恰恰可以体现独立性和创新精神。假如伽利略不挑战亚里士多德的权威，世界上又怎么会出现“自由落体定律”？哥白尼不挑战教会的权威，“日心说”也难以面世，人们也难以认识世界真正的样子。

最后，用亚里士多德的一句话作为本节内容的结尾：“吾爱吾师，吾更爱真理。”

老师的权威固然要尊重，但是在真理面前，孰轻孰重还是需要分清楚的。

同体效应：
让“敌人”成为你的朋友

“同体效应”也叫“自己人效应”。俗话说：“消灭敌人最好的方式，就是把他变成我们的朋友。”因为把对方变成自己人之后，对方就会更加容易接受我们的观点和态度，与我们保持一致。

所谓自己人，就是在某个方面和我们属于同一类型的人。可能是同样的身份，或者同样的爱好，根据人际相似律，我们和这类人的关系更为亲密，人际吸引力也更强。心理学家卡姆经过研究认为，同样一个观点，如果是自己熟悉或者喜欢的人说，心理上更容易接受，如果是陌生人或者讨厌的人说，我们反而会产生抵制心理——这就是自己人效应的原理。

管理学中有一句名言：“如果你想要人们相信你是对的，并按照你的建议行事，那就首先需要人们喜欢你，否则，你的尝试就会失败。”这句话说的就是自己人效应。同样一件事，如果是朋友跟我们说，相比于毫不相识的人可信度更高；同样一个东西，如果是朋友推荐我们一起买，比广告上的明星说的更有效。那我们怎么样才能让别人接受，让我们成为自己人呢？

社会心理学家给了我们几点建议：

第一，相似性。即我们之前提到的“人际相似律”，与新认识或不太熟的人相处时，首先要通过沟通找到与对方的共同点，找到和对方的相似性之后，就能够拉近和对方的心理距离，对方今后才有可能会支持和帮助我们。

第二，要对别人感兴趣。即之前写到过的“人际相悦律”，要想对方喜欢我们，我们得先表示对别人的好感。表达好感有无数种方式，但是最基本的是要做到对别人理解和尊重。

第三，给人可信度。要想别人接受我们的看法，就应该让我们的话语让人感觉很中肯、可信度高。否则，就算别人把我们当作自己人，也不一定会接受他认为不靠谱的看法。

第四，优化个人品质。我国的社会心理学家们做过一项关于个人品质与人际吸引的研究，他们调查了大学生的人际关系，发现他们在选择具备哪些个人品质的人可以作为自己人时，主要考虑的是这样几点：具有较好的合作性，能谦让，懂得体谅，能够就思想观念方面的问题敞开讨论而不是固执己见；思想比较成熟，可以给自己帮助；热情坦率；愿意与别人谈心里话；性格活泼，爱好运动；考虑问题经常以大局为重，而不是自私自利；对自己应完成的工作有责任感，能善始善终；能正确认识自己；思维活跃，有思想，有创新精神。在这些个人品质上，我们要多提升自己。

第五，增加个人魅力。20世纪初，德国社会学家韦伯提出“魅力”这一概念，它指的是领导者对员工的一种天然吸引力、感染力和影响力。美国心理学家豪斯后来将之发展成了“魅力型领导理论”，魅力型领导有三种个人特质：高度自信，支配他人的倾向和对自己的信念坚定不移。如果我们能做到第五点，那我们不仅能让别人接受我们的观念和做法，还能成为群体中的领导者。

除了魅力的天然吸引力，还有什么原因让魅力型领导能够引得员工长久追随呢？

第一，榜样的力量。豪斯认为，魅力型领导通过自己的行为表明了一系列的价值观和信仰，而这正是他们希望追随者遵从的。研究表明，一个人越有教养、越成功、越有能力，就越可能成为他人模仿的对象。利用树立榜样的方式来对身边的人产生影响，使自身的角色成为组织目标的象征，创造一个氛围良好的组织环境。

第二，形象塑造。除了树立价值观和信仰的榜样，魅力型领导还会有意识地采取设计好的行动，获取追随者对他们的好感，正如韦伯所说，魅力型领导必须向追随者证明他具有非凡的能力，只有这样才能被别人认可。

第三，明确目标。魅力型领导必须要清晰表明一个卓越的目标，并使该目标成为今后事业的基础。康格和卡农戈认为，领导者提出的目标越是不切实际，越是理想化，越会让追随者觉得该领导者非同凡响。

第四，阐明对追随者较高的期望和信心。这一点利用了前文中提到过的罗森塔尔效应，向追随者表达较高的绩效期望，他们就越有可能实现。

第五，使用非常规策略。达布林认为非常规策略的使用体现了领导者的创造力，会让追随者觉得他们更有魅力。

第六，个人化的领导。休斯等人认为，魅力型领导会更多地使用个人权力而不是职位权力来进行领导，他们会和追随者建立深厚的情感联系，甚至成为朋友。他们善于表达感情，能够用各种语言和非语言的表达方式去感染追随者。

马云是我非常敬佩的一位魅力型领导，他的领导风格正和上述六点一致。虽然我们不一定都能成为一位了不起的领导，但是我们不能没有领导力。领导力即吸引力和影响力，能够帮助我们执行决策、推广理念、管理团队和处理好各种复杂的人际关系。

第五章

决策定位：

引爆你的人生优势

流言的心理效应：
越是谣言满天飞，越要有自己清晰的认识

《战国策》中记载过一个关于流言的故事。有一个和曾参（即孔子的弟子曾子）同名的人杀了人，有好事者便对曾参的母亲说："曾参杀人了。"曾参的母亲一开始非常相信自己的儿子，因为儿子一向品德优秀，每日三省其身，不可能突然做出杀人的事情来。后来又有一人对她说："曾参杀人了。"这一次，曾参的母亲还可以镇定自若。但当有第三个人来对她说"曾参杀人了"的时候，曾参的母亲终于坐不住了，她也害怕起来，是不是儿子真的杀了人？于是，她把手上织布的梭子丢下，直接翻墙逃走了。

这其实和成语"三人成虎"所说的道理一样。"三人成虎"，并不是说三个人的力量加起来像老虎一样，而是如果三个人都说有老虎，就真的如同有老虎一般，可以使人深信不疑——流言的力量，从古至今一直如此，甚至在现代社会中有愈演愈烈的趋势。

这类现象也得到了心理学家们的广泛关注，人格心理学家奥尔波特[①]就是其中的一位。

---

① 奥尔波特（Gordon W. Allport，1897 ~ 1967），美国心理学家，现代个性心理学创始人之一，美国人本主义心理学家的代表人物之一。

奥尔波特与波斯特曼合著过一本关于流言的著作——《谣言心理学》，并在其中提出了著名的有关流言的公式：

流言=重要性×模糊性

意思是，流言是由事件的重要性与证据的模糊性相乘之后而产生的结果。也就是说，只要其中一个为0，相乘的结果必然就是0，两个条件缺一不可。

我们现在就用这一公式解释一下之前的两个例子。

毋庸置疑，对于曾参的母亲而言，曾参当然是非常重要的，所以关于曾参的流言符合重要性这一条件。从扔掉织布的梭子这一细节，我们可以试想一下，他的母亲长期生活在家中，每天的工作基本是做做家务和女红，消息应该较为闭塞，外人来传达消息，她其实是无从核实其真实性和准确性的，最初对儿子的信任也是基于平时共同生活中的观察和了解，所以证据的模糊性这一条件也满足。

我们从中可以得出：流言与个体的联系越紧密（重要性），证据越模糊，那么，流言的力量便越会被放大。

“三人成虎”其实也源于古时候一个真实的故事，有人说集市里出现了老虎，这是一件非常容易引起人恐慌的事情，满足重要性条件；但由于集市离家又很远，古代没有那么发达的交通和通信工具，去集市核实消息可能要花一天的时间。这时，证据的模糊性条件也满足了，流言便成了真，三人也自然“成了虎”。

之所以说它是流言，是因为流言是某些人刻意捏造并散布的虚假消息，正所谓危言耸听，相信的人越多，后果可能越严重。但当我们身处流言中时，我们首先是流言的受害者，然后才可能是传播者。所以，要想从根本上解决以讹传讹的问题，我们就应该了解流言从产生到传播的过程是怎样的。

奥尔波特总结了流言传播过程中的三种机制：

第一是简化。流言经过口口相传，传到我们耳中的时候早已不是原来的样子，最明显的一点就是会被简化很多的细节。比如曾参杀人这件事，只剩下了某人做了某事，至于何时何地，是何原因，已经无从得知。这样的直接结果就是便于快速地广泛传播，但其真实性却在一次次的口耳相传中越来越经受不起考验。

第二是强化。简化掉一些无关紧要的细节之后，剩下的主干信息会被强化，强化意味着各种“添油加醋”，甚至越夸张越有人信。

奥尔波特在《谣言心理学》中讲述了一个美国记者做的实验：第二次世界大战末期，该记者编造了一条日本天皇如何带轰炸机中队从关岛到华盛顿，然后在白宫签降书的谣言，并打电话告诉美国海军部的一个军官。结果，6个小时之后，他接到了一个电话，电话里传来惊慌失措的声音：美国西部圣迭戈海军得到惊人消息，日本天皇……经过多人传播，谣言的夸张和变形越来越严重，到最后甚至面目全非，这个谣言的最后版本居然成了：日本研制出了原子弹！

第三是同化。这个词在心理学中经常出现，在传播流言的过程中，不仅仅只是对它简单地进行增删和复述，在对流言的加工处理中也会折射出我们自己内心深处的一些真实想法。其实，这很容易理解，我们接收某个流言之后再加以传播，便会不知不觉地加入自己的看法，以表达自己的态度，因为向外界“传输”我们的经验和现实态度是一种近乎本能的习惯。

奥尔波特还指出，流言在三种条件下最容易传播：

第一是缺乏可靠的信息条件下，因为证据的模糊性太高，从缺乏有效沟通工具的曾参的例子可窥一斑。

第二是在不安与忧虑的情况下，这时的人们感性占据上风，无法充分理性地思考消息的真实性。例如，向老年人宣传保健品时这一“套路”经常屡试不爽，先夸张疾病的严重性，引起老人的害怕与焦虑，再趁热打铁大搞促销。

第三是社会处于危机状态下，如战争、地震、灾难等，这时，整个社会都处在一种紧张的气氛中，非常有利于流言的传播，比如“2012年世界末日”谣言盛行时人们疯狂抢购食盐等事件。

对于流言，它在某些情况下也有一定的积极意义。但更多数时候，它会在无意中伤害到一些人，特别是流言的主人公。尽管这并不是我们的本意，但要知道，“当雪崩时，没有一片雪花是无辜的”。**阻止流言的最重要的一点，就是坚持独立思想和理性思考，保持自己的想法和判断力，不被别人带着走**。当然，这很难做到，但是，一个健康的社会总是需要清醒的人发声以警醒世人，每个理性的人更不应信谣传谣。

罗密欧与朱丽叶效应：
外部受到的压力越大，反弹就越大

在莎士比亚的著名戏剧《罗密欧与朱丽叶》中，两个世仇家族的年轻男女罗密欧与朱丽叶，彼此相爱后受到百般阻挠，但他们却在这种压力之下越爱越深，直至殉情而死。

在我们的文化体系之内，也有《梁山伯与祝英台》的美丽传说。尽管情节如出一辙，但这样的悲剧爱情故事却总能打动人心。究其原因，是因为存在着其必然的心理机制。

1972年，心理学家德斯考尔在对91对夫妇和相恋已达8个月的41对恋人进行观察时发现，在一定的范围内，恋爱中的双方如果遭受到父母的阻挠，他们的感情反而会更加牢固。因此，这一有趣的现象被他命名为“罗密欧与朱丽叶效应”。

尽管这一现象我们不难理解，但解释起来却没有标准答案。心理学家为此也提出过几种解释，我们先来看一个实验。

美国有一位社会心理学家布莱姆，他所设计的一个有关心理的实验非常简单，只需要让被试者在A和B之间做出选择即可。但是，实验条件却有所不同：一组被试者的同伴会对他说：“我们选择的是A。”这是低压力条件；另一组被试者的同伴会对他说："我认为我们都应该选A。"这是高压力条件。

其实，二者的区别仅在于给予被试者不同的压力而已，第一组被试者接收的信息不带任何强迫性地选A的倾向，而第二组被试者所接收的信息，就很明显地带有强迫性地选A的倾向。实验结果发现，第一组被试者中选择A的比例是70%，而第二组却只有40%。

这个实验说明了，在低压力的情况下，人们会倾向于选择自己愿意的那个选项，但是当别人强迫自己选择某个选项的时候，人们往往就会降低选择它的意愿，反而会去做相反的选择。我们可以把这里的选项换成其他东西，比如爱情——**当我们被强迫不要和某个人在一起时，反而会促使我们更想与对方在一起**。

第二种广为人知的解释是，认知失调。当某个人的外在行为和内在认知产生偏差的时候，便会产生一种冲突感，当此种冲突感产生之后，我们的心理调节机制就会自发地消除此种冲突。我们所说的认知包括个体的经验、想法、态度等。

所以，在爱情中也一样，既然认知上是想和对方在一起，那么行为上也应该维持这种选择，毕竟是大脑在指挥我们的外在行为。如果在外力作用下，选择放弃与对方在一起，那么行为和认知便会发生冲突，这时个体的认知便会失调，我们的心理调节机制会本能地抗拒这种外力下的选择，转而坚持自己最初的认知（行为）。

第三种比较有道理的解释是，阻抗原理。我们每个人都是独立的个体，都有自由选择的权利，不应该因为被外界条件所限制而失去自由选择的权利。如果我们的选择受到了第三方的限制，那么我们自然就会感到不愉快，会通过抗争来获得自由选择的权利。所以，大多数恋爱中的男女在受到父母的阻挠时，他们往往会更加爱护对方，并且会通过一起抗争来获得自由恋爱的权利。

最后一种解释是最为常见的，得不到的东西往往会觉得更有价值，就会越想要。爱情也是一样，越是让我放弃对方，那我就觉得对方越有吸引力，爱情就越美好，就越要努力得到。毕竟，当我们轻易得到某样东西后，其价值也往往容易被我们忽视——没有努力追求过，就算得到了又怎么会珍惜呢？

不止爱情，其他东西也是一样，因为人的本性便是如此，会对加以禁止的东西产生兴趣以及喜爱。既然阻止反而会产生相反的效果，那岂不是什么事情都无法阻止？

针对以上四种解释，相应地也有四种方法可以正确地“棒打鸳鸯”：

第一，不要粗暴地施加压力。罗密欧与朱丽叶所处的两大家族一直处在势不两立的粗暴敌对状态之中，这种敌对的状态对他们来说就是天然的压力，不由分说就要一刀两断，谁能愿意？

不仅要从行为上阻止，还要多做思想上的工作。其实，很多情况下想要某种东西或者做某件事，都是情绪主导下的结果（特别是被爱情冲昏头脑），当自己冷静下来思考过后，会发现其实那个东西或那件事并没有那么重要。

要保证对方自由的选择权利。尊重个体的想法和权利是非常重要的，不去强行干涉选择，但可以通过理性地分析和交流来达到改变对方初衷的目的。

最后，还是要正确地看待所追求的东西的价值，并且要学会珍惜已经得到的东西。

罗密欧与朱丽叶这一悲剧的意义，绝对不是鼓励我们每一对情侣都去“顶风作案”，而是要我们明白，应该通过自己的努力去捍卫自己的爱情，在爱情中也不能冲昏头脑地去做一些无谓的事情，甚至是将自己一切价值都抛开，选择极端的做法。

免疫效应：
遗忘是复习的开始

有关学习的心理学效应，尤其是有关记忆和遗忘的，是学生以及要参加考试的人特别关心的话题。

首先，我们来了解一下记忆和遗忘是怎么回事。要知道，我们的大脑并不是简单地输入、储存、输出这一线性的过程，当某个信息进入我们的大脑时，比如一个单词、一个公式，我们会对它产生瞬时记忆，也叫感觉记忆。这时的记忆转瞬即逝，保存的时间非常短，只有0.25–2秒，适合临时“抱佛脚”。大家肯定有过这样的体验，默写单词前，最后背诵的那个单词是最容易写出来的，但是之前背的单词就记得没有那么牢固了。

那么，怎样才能让感觉记忆保持得更久一些呢？那就是复习。根据彼得逊的实验研究，在没有复习的情况下，18秒后回忆的正确率就会下降到10%左右，如果不经复习，记忆在1分钟之内就会衰退或消失。这种保持在1分钟以内的记忆叫作短时记忆，也叫作工作记忆，即大脑为当前工作所需的记忆内容进行的短暂提取和保留。

要想在大脑中更长久地保留这些信息，就需要进一步复习，让信息经过充分且有一定深度的加工。超过1分钟的保留时间就叫作长时记忆，它的容量是非常大的。我们衡量一个人记忆力的好坏，通常都是衡量长时记忆。所以，要想信息在大脑中储存更久，就得对知识进行充分的深度加工和持续复习。

在学习过程中最痛苦的事，莫过于和遗忘对抗了。要想在这场对抗中占据上风，我们就得好好研究一下我们的对手——遗忘。我们应该感谢第一位研究遗忘规律的心理学家艾宾浩斯，他总结出来的记忆规律到现在仍然记载在每一本有关学习规律的图书上。这个以他的名字来命名的规律叫作“艾宾浩斯遗忘曲线”，先让我们来看看他是怎么研究记忆的。

艾宾浩斯拿自己的记忆力做实验，他将自己记忆过的信息不能够正确地回忆出来定义为遗忘。他用一些无意义的音节作为实验材料——无意义的音节就是不能组成单词的音节，可以理解为一些字母组成的乱码。

然后他开始背诵这些音节，并在第二天、第三天以及以后每天将能够正确回忆出来的音节数量记录下来，以天数为横坐标，记忆数量为纵坐标，以此绘制出一条曲线。这一曲线的特点是：记忆数量从一开始就呈现下降趋势，在刚开始的一个小时，记忆数量急速下降，只剩下一半不到，一天之后，记忆数量的下降趋势会越来越缓慢，三天之后基本维持不变。

这揭示了一条基本的遗忘规律：遗忘从记忆开始的时候就同时开始了，一边记忆，一边就会遗忘之前的东西。遗忘的速度是先快后慢，记忆刚开始的那一个小时是遗忘速率最快的，如果不加以复习，那么一个小时之后记忆的东西就剩下不到一半。

根据遗忘曲线，我们可以总结出复习的最佳时间节点是一个小时内，其次是一天内，然后是三天内。这样复习三天之后，记忆基本就会持续了，因为短时记忆已经通过复习转换成了长时记忆。

这就是记忆和遗忘的基本规律，现在我们再来看本节的标题——“免疫效应”。

免疫是医学领域中的一个名词，是指通过抗体或者免疫效应细胞等去对抗病菌等，并将其杀死，避免身体受到侵害。遗忘过程中也有免疫效应——在学习的过程中，你会发现之前记忆过的信息发生了遗忘，这些东西便激起了我们复习的动机，就像抗体和免疫细胞发现免疫系统出现了漏洞，它们便开始活跃起来。

当我们的大脑接收到信号时，我们便会意识到要去复习，在复习的过程中，便会更加努力和集中注意力。同时，在复习的过程中，还会发现造成遗忘的原因：是复习的次数不够，还是理解不够深刻？这样我们在复习时，就会想办法采取相应的措施加强薄弱环节，如同修补免疫系统漏洞，增强身体素质一样。

当然，我们不能等到学过的东西已经发生了显著遗忘时再去复习，就好像身体出现了毛病之后再去保护身体一样，我们应该利用艾宾浩斯总结出的遗忘规律，合理地安排复习时间，不要因为重复性工作过多就放弃。因为只有不断重复，才能将学过的东西保留在脑海中。

并不是所有人都拥有过目不忘的天赋，很多时候，别人的记忆力看起来很强，只是因为他人重复的次数足够多或者运用了正确的记忆方法。

在这里顺便提一些好的记忆方法。艾宾浩斯曾经将实验材料（无意义音节）换成散文和诗重复记忆实验，发现散文的记忆效果比无意义音节好很多，诗的记忆效果则比散文更好。这是因为诗要比散文更有韵律，散文比无意义音节更好理解。老师们也会教给我们各种各样的记忆方法，其中肯定少不了各种口诀和“顺口溜”一类的句子。

在理解的基础上再背，理解其实是为了深度加工信息，帮助我们将短时记忆转变成长时记忆。而无意义音节是没有办法理解与加工的，所以记忆效果是最差的。诗比散文要好记，是因为诗更加规律和押韵，我们可以利用听觉即多通道的记忆方式来加强记忆，这比单纯地视觉记忆效果要好很多。

还有一种增强记忆的方式是手写，正所谓“好记性不如烂笔头”。当老师让我们一遍遍地抄写单词和课文的时候，我们千万不要再觉得不耐烦。

墨菲定律：
越在意的，越容易失去

“墨菲定律”作为三大黄金定律之一，与“帕金森定律”“彼得定律”并称为“20世纪西方文化三大发现”，但显然墨菲定律的知名度要更高一些。

这一定律来源于一个故事，早在1949年，美国空军基地的上尉工程师爱德华·墨菲对他的一个总是倒霉的同事开玩笑说：“如果一件事有可能变糟糕，让他去做就一定会更糟糕。”这表面上说的是运气问题，但实际上却是一个概率事件——如果事情有变坏的可能性，那么不管这种可能性有多小，它总会发生。

当然，上尉可不是随口说的，起因是当时他和他的上司一起做MX981火箭减速超重实验，目的是为了测试人体对加速度的承受极限。其中一个实验项目是将16个火箭加速度计悬空装在被试者的上方。安装的方式有两种，但让人意想不到的是，有人把这16个装置全部装错了。

这岂止是意想不到，简直是匪夷所思，无奈的墨菲才说出这样一句话。后来，这句话被无数人引用和传播，渐渐地，便演变成了赫赫有名的墨菲定律。

墨菲定律同样也是一个心理学效应：你担心发生的事情总是会发生，你越担心，就越可能发生，事情总是往我们不希望的方向发展。

例如，为什么我排的队伍永远是最慢的？为什么我等的公交车永远是最晚来的？如果下雨运动会被取消，那大概率会下雨；如果一直担心这次考试考砸，那很有可能会考砸……这样的例子实在太多，就像一个怎么也摆脱不掉的“魔咒”，甚至有人一度将墨菲定律叫作“倒霉定律”。

墨菲定律的内容有这样几点：第一，任何事情都没有表面上看起来那么简单；第二，所有事情完成的时间都比预计时间要长；第三，要出错的事情总是会出错。。

要认清一个事实，犯错是我们天生的缺点，但大多数人却永远意识不到这一点，只会埋怨为什么自己总是倒霉。

那么，为什么我们总是会忽略这一点呢？因为我们的脑子总是“不长记性”。明知道事情没那么简单、会出错，但我们还是会抱着“应该不会这么倒霉吧”的侥幸心理，以为幸运女神总是会眷顾自己，即便这一次倒了霉，下一次依然会抱着“这一次总不会又倒霉吧”的心理重蹈覆辙。

这就奇怪了，我们又不是小孩子，难道不知道“吃一堑，长一智”吗？这就不得不提到社会心理学中的“自我服务偏见”。顾名思义，这是一种偏见，也就是不够客观和理性的一种想法，是不可取的。什么叫“自我服务”呢？其实就是“自利”，所以自我服务偏见也叫作“自利性偏差”。

自利和自私在本质上不是一回事，自利就是做利于自己的事，自利并不一定就自私，自私是为了自己的利益伤害他人的利益，也就是平常所说的损人利己，压根不会去考虑他人的利益。而自利却恰恰相反，在自利的同时，我们也可以利他，一般不会伤害他人的利益，甚至还能够在我们力所能及的时候帮助他人。

自利在本质上是无害的，但是当我们眼里只有自己的利益时，便会在心理上产生一种偏差，即总是从好的方面来看待自己，当我们取得成功时，会把成功的原因归结为自己的才能和努力；而失败时，就会将其归因为外界因素的影响，包括他人、环境、运气等。

戴夫·巴里曾经说过：“无论年龄、性别、信仰、经济地位或种族有多么不同，有一件东西是所有人都有的，那就是在每个人的内心深处都相信，我们比其他人要强。”这说的也是这个道理，我们总是愿意相信自己比别人更好。更要命的是，人们往往都认为自己比其他人更不容易受偏见的影响，他们甚至会认为自己比多数人更不容易产生自我服务偏见。

所以，不要认为“吃一堑，长一智”就可以解决问题了，人的本性是很难克服的，特别是人性中的一些弱点，会让我们一再“倒霉”。

回到墨菲定律中来，难道是运气总会和我们作对吗？其实并不然，实际上很有可能是我们自己考虑得不够充分、准备得不够完善，或者就是我们的能力难以企及，这都是我们自身的原因。但我们“倒霉”之后，第一时间想到的却往往不是这些，而是怪自己运气不好——因为运气是无法具象化的事物，而环境、条件等却是可以确定的。

当我们一次又一次不去正视问题的本质，总是埋怨外界因素的时候，墨菲定律就会不断发生，无情地“打我们的脸”。当然，墨菲定律并不是说要将所有的错误都归结在我们自己身上，而是应该重视一种客观事实：我们无法排除所有的可能性，唯一确定并且能够控制的就是我们自己。

要让自己做好充分的准备，考虑到所有可能发生的情况并且制订出相应的应对措施，才能够在坏运气出现的时候，有办法解决它。如果真的遇到无法解决的问题，那就尽量减少损失、勇敢面对，然后总结经验，避免下一次再犯错。

《人性的弱点》作者卡耐基有一句著名的格言：“相信你成功，你就能成功。”我们在正视自己人性的弱点之后，仍要对自己充满信心，这才是我们应该抱持的积极、正向的态度。

鸟笼效应：
联动，为自己的人生赋予一个成功的场景

鸟笼效应的提出者是美国知名心理学家詹姆斯，这个效应源于他和物理学家卡尔森之间发生的一个故事。

1970年，詹姆斯从哈佛大学退休，他的好友物理学家卡尔森和他同时退休。因为退休的日子太过无聊，詹姆斯便同卡尔森打了个赌，他对卡尔森说：“我一定会让你买一只鸟。”卡尔森摸不着头脑：“我可不信，我从来就没想过要养鸟。”

过了几天，正好是卡尔森的生日，詹姆斯送给他一个精致的鸟笼。卡尔森依然不相信自己会买鸟，笑着对詹姆斯说：“我就当这是一件工艺品，我还是不会买鸟的，你别再白费劲儿了。”结果，之后每个来卡尔森家拜访的客人，看到这个空的鸟笼总会问：“教授，你养的鸟什么时候死了？”卡尔森一遍遍地解释他从来没有养过鸟，但是客人们却并不相信。无奈之下，卡尔森只好买了一个鸟，然后把鸟放进了这只精致的笼子。

表面上看，詹姆斯送给卡尔森的是一个空鸟笼，实际上却是一个陷阱，等着卡尔森自己往里面跳。卡尔森一开始没对鸟笼感到奇怪，但是

当每个客人都问起来的时候，就会带来无穷无尽的麻烦，于是他不得不买只鸟回来，或者只能将鸟笼丢掉——很显然这是礼物，他不能这么做。即便没有人问，空荡荡的鸟笼也会于无形中给卡尔森造成心理压力，让他去买一只鸟放进笼子里。

我们在买东西的时候总是会碰到这种情况：买了一件好看的外套回家，又觉得缺一条裤子和外套搭配，买好了裤子之后又想买双鞋，买完鞋又会买别的……最后和接受鸟笼如出一辙，这是因为我们在自己的心里挂上了一个“空鸟笼”，然后不停地往里面装东西。如果没有刚开始的那个“空鸟笼”，我们也就不会有无穷无尽的烦恼。这就是“鸟笼效应”——人类十大难以摆脱的心理效应之一。

为什么我们会不断地陷入“鸟笼”陷阱，给自己带来无谓的烦恼呢？其实这是我们的惯性思维在作怪而已。就像物体运动产生的惯性一样，我们的思维也会按照之前的思维方式去思考。惯性思维在大多数情况下是好的，因为我们不用消耗太多的脑力和精力在每一个问题上，有些不重要的事情我们完全可以遵循惯性思维去做，以此提高生活和工作的效率。

但是，人不能在每件事上都遵循惯性思维，这会让我们丧失主动思考的能动性，陷入因循守旧的恶习当中，永远无法突破和创新。然而摆脱惯性思维并不容易，即使我们想要摆脱，我们身边还有很多受到惯性思维影响的人。正如卡尔森那样，鸟笼里养鸟才是正确的思维逻辑，他自己可以摆脱这个思维陷阱，但是当无数的客人问他鸟去哪了的时候，他无形之中就会受到来自这些人的心理压力，而这些压力就源于我们说到过的心理暗示。如果卡尔森不去买鸟，他就会受到客人的质疑，他会被看作惯性思维下的一个异类，这种心理压力不是所有人都能抵抗的。

如何避免鸟笼效应，也就是如何避免惯性思维带来的僵局呢？首先要学会自省，警惕“空鸟笼”的出现，正如鲁迅在《狂人日记》所问：“从来如此，便对么？”

当脑海中出现一个想法时，我们要去思考这个想法为什么会出现？为这个想法之后做的一系列事情有必要吗？有没有价值？还有，在发现自己陷入鸟笼效应之后，要迅速中止自己的行为，及时止损。最后也是最难的一点，就是要摆脱来自他人的心理暗示。用多种角度来思考问题，一定会比单一角度思考能获取更多信息，同时也更能得到成熟的答案。为了与他人合群而选择与他人一致的思维方式，只会让我们越来越平庸。

既然无法摆脱这一心理效应，我们不如反其道而行之，利用它总比摆脱它要容易得多。有时候，思维的转换可以带给我们意想不到的收获。

营销领域有一个专业名词叫作场景建立，就是通过场景加强消费者的购买力。例如现在大多数的家具城，在摆设商品的时候通常会构建一个完整场景，以激发消费者的购买欲，消费者本来只打算买一个床头灯，但看到场景中的床头柜也不错，随即也就购买了，这就是场景激发出来的购买欲。

营销领域的“场景建立”和“鸟笼效应”在精神内核上有本质联系，将其延伸到其他领域会取得同样的效果。人生也是如此，当我们对自己的未来建立起一个完整场景的时候，只要我们完成其中一项，便会联动地将整个场景中的其他目标逐个实现。

鲶鱼效应：
盘活团队的法宝

鲶鱼是一种好动的鱼，和沙丁鱼正好相反，后者生性安静。挪威人把沙丁鱼打捞上来之后会装进鱼槽运送到别处去卖，但由于沙丁鱼太过安静，不爱运动，在运输过程中很容易死亡，这会让渔夫们损失惨重。

后来，有一个渔夫想到了一个办法，可以让沙丁鱼活着卖出去——在装满沙丁鱼的鱼槽中放进一条鲶鱼。好动的鲶鱼一到沙丁鱼堆里，就会立刻到处游动起来，搅得沙丁鱼也游来游去，于是缺氧的问题就得到了解决，即便经过长时间的运输，沙丁鱼依然会活蹦乱跳。

对渔夫来说，这一箱鱼槽就是他的团队，如果团队中全都是死气沉沉的沙丁鱼，那么它们必将停滞不前，窒息而死。引入一条活泼好动的鲶鱼，可以带动整个团队的活力，起到盘活整个团队的作用。对组织管理者来说，也同样如此——在管理团队时，管理者往往需要采取一定的激励措施去刺激整个团队的活力，这就是“鲶鱼效应”的基本内容。这里的激励措施可以是具体的手段或方法，也可以是一个像“鲶鱼”一样的人。

“鲶鱼”的作用已经不言而喻，一家全是“沙丁鱼”的企业注定是一潭死水，但是企业最初一定不是这个样子的，最初也许有很多条“鲶鱼”。但是由于安于现状、趋于保守、缺乏忧患意识等原因，渐渐地大家都会变成懒得动的“沙丁鱼”。如果这时候管理者也变成同样特性的“沙丁鱼”，大家就只能在窒息中死去。所以，管理者一定要有敏锐的眼光，但前提是管理者得有忧患意识——渔夫可以在损失几箱沙丁鱼后意识到问题的严重性，但是管理者不能等到企业岌岌可危的时候才发现问题，这样的损失是多少箱沙丁鱼也换不回来的。

其次，管理者需要设置完善的激励措施和晋升机制，不能让员工在自己的位置上待一辈子，他们一定会越来越懒惰、丧失积极性。管理心理学作为现代心理学和管理科学体系中的一门重要学科，其研究的目的就是探寻怎样充分调动和管理人力资源，其中也提到了有关激励机制的一些理论。人在组织中行为的积极性和潜能的发挥，很大程度上是取决于管理激励的水平和方法的，因此，激励机制的好坏将直接影响组织的兴衰成败。

除了员工的行为积极性需要激励，群体、组织和领导者也都需要激励，只不过需要用到不同的手段和方法。大量实验结果也证明了，在被激励的情况下，人们的主观能动性和潜力都能够得到更大的激发。那么什么样的激励机制才是科学有效、易于执行的呢？

要将物质激励和精神激励相结合。马斯洛的需求层次理论大家都不陌生，最底层的需求是生理需求，其次是安全需求、社交需求、尊重的需求，最高层次是自我实现需求。生理需求我们可以用物质条件来满足，但是从社交需求开始，物质条件就无法完全满足。我们可以买来衣食住行，但是买不来友情、亲情和成就感，所以在精神激励上，我们可以考虑组织员工进行团建活动，提供晋升机会等，让他们在精神层面的需求得到更大的满足。

设置激励措施时应该考虑员工的差异性。不同年龄、性别、个性的员工的需求差别也很大，五六十岁的员工可能会更多地考虑退休后的福利和保障，女性员工可能会考虑工作和家庭的平衡问题，"90后"员工则会更关注公司的氛围和各种活动，不同的激励措施对他们的吸引力也是不同的，因此可以实行差别激励措施。

第三，激励制度必须严格执行。制度如果不能切实执行，那就形同虚设。在这一点上，管理者必须以身作则，自上而下地遵守规定。为了避免执行上的问题，管理者应当在制定和实施过程中，和员工们多沟通、交流，了解问题和缺陷，不断地改进和完善制度，才能够得到更多员工的认可，更好地执行制度。

最后一点是最重要的一个问题，就是管理者如何引入一个鲶鱼型人才，来盘活整个团队？第一个问题就是，"鲶鱼"从哪里来？是从公司内部挑选，还是从外部招聘？虽然公司大部分人可能都是"沙丁鱼"式的员工，但不排除也有鲶鱼型人才。而且从内部提拔人才，本身就是一个有力的激励措施。如果没有合适的人选，那就得依靠外部招聘。

日本的本田公司在管理上就把这一点运用得很好。公司创始人本田宗一郎发现，销售部经理的观念与公司进取和拼搏的精神相差太远，而且他守旧的思想已经严重影响到了下属，必须有一条鲜活的"鲶鱼"来拯救销售部。后来，本田宗一郎将另一家公司销售部的副经理武太郎聘请了过来，结果证明本田宗一郎没有选错人，武太郎接任销售部之后，凭借自己的能力和工作热情，带动了整个部门的活力，公司的销售业绩直线上升。后来，销售部作为龙头部门也带动了其他部门的工作积极性。从外部招聘人才会使得内部员工失去晋升的机会，所以在机制的设置上，应该优先考虑公司优秀的员工，或者内外部公平竞争。

在使用鲶鱼效应时需要独到的眼光和经验，如何判断一个员工是“沙丁鱼”还是“鲶鱼”？企业什么时候需要“鲶鱼”？“鲶鱼”什么时候进来最合适？需要多少条“鲶鱼”才能恰到好处？这都是需要管理者深思熟虑的。

管理不仅是一门科学，更是一门艺术，是可以让员工更加有积极性和创造性的艺术，更是关于人的艺术。

热手效应：
运气是一个伪命题

我们在“拍球效应”中提过篮球运动，在这一节，我们还会提到篮球。

在篮球比赛中，如果一个队员连续命中好几个球，其他队员就会认为他“手感好”，传球时就会很自然地想到他。但实际上，他可能只是运气好，无法保证下一次就能投中。这种仅凭直觉就匆忙下结论并采取行动的现象，就叫作“热手效应”。

其实，这是一个概率论的问题，我们仔细思考一下就会发现，即便这位球员身怀绝技，百发百中，但有一个事实是不变的：每次投篮只有命中和未命中两种可能，两种可能的概率都是百分之五十，不会因为他之前百发百中，就能把命中的概率改成百分之百。也就是说，第二次的投篮和第一次是否命中没有任何直接关系，概率是不变的。

思考一下，便能明白其中的道理，但有人就是不愿意相信。就像买彩票的那些人，每天都买一注，总是寄希望于之前从来没有中过，下一次中的可能性就更大。但实际上，每一次买彩票中奖的概率都是一样的，这次中了，和之前从来没有中过没有任何关系。这种情况和热手效应正好相反，以为多次不幸之后就可能会转运。由于这样的心态在赌徒身上体现得更加淋漓尽致，所以又叫作“赌徒谬误”。

不管是热手效应还是赌徒谬误，表面上是对概率的错误判断，实际上是迷信经验主义的结果。错误的经验主义导致人们产生心理上的认知偏差，他们会认为一系列事件的结果在某种程度上隐含了相关性，之前好手气能够延续下去，之前运气坏下次就能转运，但实际上这种相关性根本不存在。

知名学者布兰查德通过对灵长类动物猕猴的研究，发现了热手效应背后的进化学意义：在人类历史早期，我们除了狩猎，就是依靠采集食物为生。在大自然中寻找食物是一件非常不容易的事，当我们的祖先看到地上有一个苹果，就很有可能在附近找到更多的苹果，原因只是因为附近有一棵苹果树。而如果有一棵苹果树，那它周围就有可能有更多的苹果树。其他食物的分布也大都遵循这样的自然规律，逐渐地，人类就形成了这样一种思维定式，这才造成了今天的热手效应。

布兰查德认为：“人类和猕猴可能特别善于发现这些正相关性。因为在自然环境中觅食时，发现这种相关性会带来更多益处。”

热手效应一开始只是祖先在适应环境过程中积累下来的一种经验，因为在自然环境中，这种相关性是真实存在的，而且对我们非常重要。到如今，这种相关性早已经不存在了，但是这种思维定式却依然存在，我们必须要警惕它的弊端。

可以用股票投资来说明热手效应和赌徒谬误对人类行为决策的影响，这一研究是由中国几位管理学者组成的团队完成的，结果发表在

《经济研究》报刊上，文章名为《投资者“热手效应”与“赌徒谬误”的心理实验研究》。

研究者们从学生中找来285名实验对象。值得注意的是，这些实验对象都是有一定投资知识和水平的投资者，并不是新手。

实验形式用的是调查问卷，第一个任务中，假设每个被试者中了1万元彩票，打算用这1万元投资股市。理财顾问向他们推荐了两支几乎一样的股票，唯一的区别是，一支连涨，而另一支连跌，连涨和连跌的时间段分别为3个月、6个月、9个月和12个月，以此分为4组。

每个实验者被分到一个时间段组，首先表明自己的购买意愿，然后在两支股票间具体分配1万元，这两个问题是用来考察他们对两支股票的购买倾向的。第二个任务是考察卖出股票的决策行为。假设每个人手里有市值4万元的股票，现在需要套现1万元用于购买电脑。理财顾问同样推荐了两支股票，与第一个任务中的前置条件一致。被试者需要先选择卖出倾向，然后再决定在两支股票上分别卖出多少股。最后一个任务是，让被试者们对连涨和连跌的这两支股票在第二个月的走势做出预测。

研究结果发现，在股票连续上涨的情况下，上涨时间越长，买进的可能性越小，卖出的可能性越大，预测下个月的走势继续上涨的可能性呈现下降的趋势，认为会下跌的可能性呈上升趋势，反之亦然。这听起来有点绕，但显而易见的一点是，赌徒谬误发生了作用，而且时间越长，赌徒谬误的作用就越明显。

我们可以发现，在股票投资活动中，赌徒谬误比热手效应要更加强烈。投资者总是盲目地相信连续涨跌的股票会出现反转，赚的人卖得太早，亏的人持得太久。

尽管对我们多数人来说，投资、买彩票这类活动都太遥远，但是在日常生活中仍然逃不了热手效应和赌徒谬误。例如，你是否经常在朋友圈、微博中见到“转发锦鲤”“水逆退散”之类的转运动态？为什么星座运势在科技如此发达的现代，这类行为仍然被很多人津津乐道？你有没有相信过“桃花运”“狗屎运”之类的东西？当然，这类生活中的小迷信完全可以当作怡情的消遣，但如果真寄希望于此，就不是明智之举了。

热炉法则：
人生不能只有奖励还要有惩罚

“热炉法则”是由惩罚触摸热炉而得名的，形象地说明了如何正确地执行惩罚制度：

第一，热炉烧得火红，不用手去摸也知道炉子是烫手的，这叫警告性原则。也就是说，在管理活动中，得有明确的规章制度，其中要写明惩罚条例并对人加以教育，以作警戒；

第二，只要手碰到热炉，就一定会被烫伤，这是一致性原则。也就是惩罚制度和惩罚措施应该相互匹配，只要犯了错，就一定会受到相应的惩罚措施。

第三，手碰到热炉时，立刻就会被烫伤，这是即时性原则。惩罚一定要及时，时间拖得越久，惩罚的效果就越小。因为惩罚的目的是为了纠正错误行为，如果错误行为的发生距离惩罚措施较久，那么错误行为就无法及时地和惩罚联系起来。

第四，不管是谁的手碰到热炉都会被烫伤，这是公平性原则。所谓对事不对人，无论是谁，只要触犯了规章制度，犯错都应当得到惩罚，否则制度就是一张形同虚设的废纸。

以上，就是热炉法则的基本内容，即四大法则，遵循这四个原则，我们便能够正确地认识惩罚制度。

在此之前，我们先来了解一下惩罚的原理。还记得本书曾经提到过的小阿尔伯特的实验吗？就可以当作一个惩罚实验来看待。当然，小阿尔伯特只是在和小白鼠玩耍，这并不是犯错，但是可以人为地定义为错误。

在这个实验中，华生对小阿尔伯特的惩罚措施是：每次他一和小白鼠玩，华生就立刻在他耳边敲打铁棒发出巨响，这让人恐惧的巨响就是对小阿尔伯特的惩罚。多次之后，小阿尔伯特就在小白鼠和巨响之间建立起了联系，认为只要接触了小白鼠就会被惩罚，所以他后来才会对小白鼠如此害怕。

现在，我们就更加能理解为什么这个实验会被认定为违反伦理道德——因为华生让小阿尔伯特遭受到了不应该承受的惩罚，他本身并没有错，却被人为强行地定义为错误。如果得不到及时的消除，小阿尔伯特对小白鼠的恐惧会伴随其一生。

还有一个例子可以说明不适当的惩罚对人造成的消极影响，即“习得性无助”，这一现象是由美国心理学家塞利格曼在1967年提出的。

塞利格曼的实验是为了研究动物的行为反应。实验刚开始，他把狗关在笼子里，只要蜂音器一响，就会给狗施加电击。电击是心理学实验中经常使用的一种惩罚手段，狗关在笼子里逃避不了电击，每次都会受到惩罚。结果，多次实验之后，蜂音器一响，研究者在电击前把笼子打开，狗不但不跑，反而还没等被电击就先倒在地上呻吟和颤抖——狗本来可以主动避开电击，此时却放弃了。

这种因为重复的惩罚而导致的消极、被动、任其摆布的心理和行为就是习得性无助，很显然，这是由于惩罚过多的缘故。如果我们过度频繁地使用惩罚的手段，要么让人觉得无所谓，承受能力越来越强，要么就会使受惩罚者形成习得性无助心理。

其实，惩罚也是激励的一种方式。管理者不仅可以用奖励的方式鼓励下属去做某些事情，也可以用惩罚的方式来禁止他们做某些事情，最终的目的都是为了提高工作效率。

奖励和惩罚是激励的两种最基本的方式，都有其积极和消极作用。奖励的积极作用我们在前文中提到过，它的消极作用则是——奖励的运用会使得员工努力工作是依赖奖励本身，而不是为了工作本身，这显然与管理者的初心相违背。

我们做一件事是出于一定动机的，动机分为外在动机和内在动机。就拿工作而言，我们工作可以出于很多的动机，除了物质回报、职位头衔以外，还有工作的成就感、意义感，等等，外界赋予我们的是外部动机，我们内心自发的就是内在动机。当外部动机的力量大于内在动机时，内在动机就会逐渐让位给外部动机。

我们在教育孩子的过程中也会遇到一样伤脑筋的事，给孩子奖励确实可以增加他们的学习动力，但奖励多了，孩子就会认为，学习不是为了自己的提升和成长，而是为了得到更好的玩具、更多的游戏时间。这就提醒管理者和教育者，只用奖励措施是不够的，必须要与适当的奖惩相结合。

惩罚分为两种，一种是批评、斥责、罚款这种直接施加的不愉快体验，第二种是剥夺他原本的愉快体验，比如取消奖金、撤销职称，等等。

惩罚的积极作用就不用说了，可以明确员工的是非观念，让员工知道哪些事情是错误的，哪些是不应该做的；其次是培养员工的责任感，要让他们知道，自己做的事情需要自己来承担一定的后果，所以自己做过的事就要自己负责到底。

惩罚的积极作用是立竿见影的，因为人们对不愉快的体验会更加难以忍受，也更加难忘。但惩罚的方式和强度都是需要严格把控的，如果惩罚的方法用错了，就起不到惩罚的效果。而且，当员工受到惩罚时，受影响的也不仅是这一个员工，其他员工也会因此耿耿于怀，影响管理者的威信和信誉，这就是惩罚的主要消极作用。当然，如果这些都能避免，合适、及时的惩罚无疑是非常有效的。

奖惩机制的作用启示管理者们，一定要事先制定完备、公平、合适的奖惩制度，并按照热炉法则严格执行，才能做到卓有成效的管理。

睡眠效应：
所有的“运气”都是深思熟虑的累积

说话者因威信因素而产生的影响，会随着时间的流逝而产生相反效应的现象，就叫作“睡眠效应”。这么说有点抽象，我们用一个例子来解释。

这一效应可以追溯到二战时期，美国政府给现役士兵们播放了一系列战争宣传影片，想以此鼓舞士气。

为了测试这些影片是否达到了预期的效果，工作人员在士兵看完影片后立即进行了测验，结果却发现这些影片对士兵几乎没有影响，他们对战争的态度并没有改变。

大家可以试想一下，士兵在看电影之前难道猜不出政府的目的吗？战争宣传片当然是宣传战争的，所以他们在看之前就已经产生了抵制心理，导致影片宣传的信息无法改变士兵的态度。可是，在过了一段时间之后，准确地说是影片播放了九个星期之后，工作人员又对士兵做了一次测验，发现他们的态度有了转变：他们的士气提高了，也更加愿意参战了。

听起来仿佛不合情理，为什么电影对士兵们态度的影响不但没有减小，反而变大了呢？正是因为中间有一段长达九个星期的“休眠期”，士兵们一开始产生的防备心理逐渐被放下了，但是他们却没忘记电影的内容，于是，宣传片产生了作用。

现在我们深入探讨一下“态度”，态度是个体对社会所持有的一种具有一定结构和比较稳定的内在心理状态，我们会发现：态度和价值观在定义上非常相似，但是价值观更加抽象、更加概括，也更加稳定。态度包含三个构成要素：认知、情感和行为倾向。首先要产生一定的看法，即认为是对是错、是大是小，然后要带有情感，即喜欢不喜欢、支持不支持，最后就是行为倾向，即打算怎么做。当然，产生态度之后做出的行为并不一定符合态度，这与其他很多因素有关，在这里不做延伸。

态度的形成过程是由外而内的，态度的形成始于两种方式：一种是模仿，是主动且自愿的；第二种是服从，是被动地屈从于外界压力。第二步就是认同或者同化，将模仿或者服从的看法和做法接纳为自己的东西，这一步完全是主动自愿的过程。最后一步是内化——将外界的东西彻底接纳，并转化为自己内心的东西。

但是，态度也有改变的时候，态度的改变也是从认知开始的，我们之前说到的认知失调理论，就是态度改变的重要原因。我们在决策之后会引起认知失调，因为我们要在几种选择中做出决定。当人们表现出与内心信念不一致的行为时，就会产生失调，但是行为产生之后难以再收回，所以就只能通过改变态度来消除认知失调——“既来之则安之”就是这个道理。

态度转变的方法之一是各种形式的劝说宣传，劝说宣传其实就是说服的过程。我们在“权威效应”中讲过我们是怎样被说服的，传播者的权威性是增强说服力的重要因素。但是，威信因素会随着时间的流逝而逐渐消退，态度会发生反转，这就是睡眠效应的整个过程。

霍夫兰和韦斯曾经对这一效应做过更深入的探讨，他们向被试者提了四个问题，这四个问题有很大的争议性，分别是：没有医生的处方是否可以出售抗组胺？美国建造核潜艇的可行性？当代钢铁的紧缺是否应由钢铁公司承担责任？家庭电视对电影工业的影响？

这四个问题的内容是一致的，不一致的是传播者的权威程度，它分为两组，分别是高威信组和低威信组。高威信组是说这个问题是由某权威杂志或者人物所说，低威信组就是随便由某个专栏作家所说。

在接受两种内容之后，测量被试者的态度变化，结果发现，高威信组比低威信组对态度的改变更明显，随着时间的推移，这种即时效应却没有长期维持下去。四个星期之后，重新测量的结果发现，高威信组的影响随着时间的增加而减少，低威信组却反而增加了。由此，我们便可以知道，睡眠效应中除了“睡眠”之外的另一个关键因素，那就是传播者的威信。

威信是如何影响态度改变的呢？霍夫兰也给出了解释，因为人们忘记消息的来源比忘记消息内容本身要快，也就是说，我们不记得这句话是谁说的，但还能记得这句话的内容，这是人之常情，名字本来就不好记。威信是来自某个人的，如果这个人名都忘了，那还何谈威信力？所以威信对态度转变的影响会逐渐减弱，影响态度转变的本质还是在信息的内容上，这是睡眠效应的第三个关键点。

睡眠效应用在广告营销中最合适不过，脑白金广告可谓最成功的“洗脑”广告之一了。睡眠效应告诉我们，请权威人士来做广告，过一段时间我们就会忘记这个人，但是广告的内容却会被我们记住，并改变我们的态度。而脑白金的广告词，就其本身来说是非常差劲的——“今年过节不收礼，收礼只收脑白金”，自相矛盾且毫无新意。刚开始听到这个广告时，我们的态度肯定是嗤之以鼻，但过一段时间之后，睡眠效应开始发挥作用，我们的态度发生反转，广告反而取得了巨大的成功。

在生活中，我们也可以运用它为我们服务，比如在谈判活动中，想让对方更好地和我们达成一致，不妨在谈判陷入僵局时，提出“先吃个饭吧，吃完饭再决定”。其实就是给对方一段“睡眠”的时间，静待对方态度发生改变，以期获得更好的谈判结果。

羊群效应：
人生本就不易，你要学会及时止损

鲁迅先生是一位眼光犀利、洞悉人性的作家，他曾写过这样一句话："猛兽总是独行，牛羊才会成群。"羊是一种自由散漫的群体性动物，平时在一起的时候也是盲目地左冲右撞。但如果有一只领头羊出现，其他羊就会不假思索地一哄而上，跟着它一起跑，不管前面是不是有狼或者其他危险。所以，从某种程度上来说，这也是一种从众心理，不过羊群效应更多地被运用于经济活动中。

羊群效应一般会出现在竞争激烈的行业之中，而且这个行业的领先者会吸引大多数人的注意力，后来的"羊群"就会不断模仿这个领头羊的一举一动，领头羊去哪里吃草，其他羊也去那里吃。这样的场景与当下的互联网行业非常相似。

20世纪90年代以来，大大小小的互联网公司如雨后春笋般一批一批地冒出来，但是，国内互联网企业三巨头"BAT"（百度、阿里巴巴、腾讯）的格局却始终稳定。巨头内部一有风吹草动，其他公司就会迫不及待地紧跟脚步进行变化，生怕跟不上对方的步伐，但事实上大部分都做了炮灰。等到泡沫破灭的那一天，才发现只有领头羊才是真正的获利者。

羊群的这种习惯之所以保留至今，必然有其合理性。除了之前所说的与从众心理一样的原因，还有更重要的一点，就是这样有利于羊群的生存。羊群中的领头羊也并不都是明察秋毫、反应敏捷、身体强健的，大部分都是普通羊，甚至还有些是老弱病残，光靠自己的力量是活不久的，所以结成群体是一个好办法。然而，能力越大，责任也就越大，不是所有人和企业都可以成为领头羊，而一旦成了领头羊，决策和行动就会变得至关重要。如果决策方向对了，便能带动整个行业的发展，即便是弱势群体也能吃饱饭；如果发生失误，便会引起整个行业的萧条。

在求职者群体中同样也会发生这样的羊群效应，在互联网行业如火如荼的时候，大家纷纷投身互联网行业，各种培训班如雨后春笋一般成群出现。后来，程序员缺口逐渐饱和，要求也越来越高，待遇自然也就没有原来那么优越了，甚至被裁员的情况也越来越多。正如互联网上曾经流传的那句话："站在风口上，猪都能飞起来。但风口一旦过去，摔死的还是猪。"

我们再来看看资本市场的例子，在一个投资群体中，投资者们总是会根据其他投资者的行动而行动，在他人买入时买入，在他人卖出时卖出。在投资积极性增大的情况下，投资者会迅速集聚到某个行业，极易形成趋同性的羊群效应。追涨时信心百倍，蜂拥而至，大盘跳水时，大家纷纷带着恐慌仓皇出逃，导致牛市中慢涨快跌。

当市场处于低迷状态时，其实正是进行投资的绝佳时机。不过，大多数投资者都是"普通羊"，大家都不看好时，即使预判的前景再好也无人问津；等领头羊入局，市场逐渐升温，投资人便会争先恐后地进场抢购；一旦市场再次出现波动，大家又会一窝蜂地杀出，就像羊群到处乱跑一样，领头羊一动就会立马跟着它，现实情景中，大部分投资人都无法克服这种投资心理。

如何才能保持理性投资、避免跟风操作呢？我只能从心理学的角度给出几个小建议：

第一，要明确自己的目标，我们投资的目标是什么？我们追求的是短期利益还是长远利益？每个人的目标不一定是一样的，人家做这样的决策是为了实现自己的目标，但这并不一定就适合我们，就像大学选专业的时候，最热门的专业难道就是最适合我们的吗？

第二，要考虑自己的风险承受能力。投资有风险，每个人风险承受能力是不一样的。互联网行业巨头能通过烧钱的方式去新的市场跑马圈地，但是其他企业能融到这么多资金吗？

第三，设置获利点和止损点，要学会见好就收。抓住风口和红利，获得收益并不是难事，但是人的本性都是贪婪的，得到的东西当然是越多越好，所以，要提醒自己达到了获利点就可以放手了，以免错失赎回的时机；止损点是为了在出现损失之后，防止赌徒心理作祟，在等待逆风翻盘的机会中蒙受更大的损失。

想要在经济活动中获益，光靠了解市场和资本是远远不够的。毕竟，人是经济活动的决策者，只要需要有人理性地做出各种决策，就有心理学的用武之地。